智元微库
OPEN MIND

成长也是一种美好

CEIBS | 中欧经管图书

# 麦肯锡结构化战略思维

## 如何想清楚、说明白、做到位

周国元 / 著

人民邮电出版社
北京

图书在版编目（CIP）数据

麦肯锡结构化战略思维 : 如何想清楚、说明白、做到位 / 周国元著. -- 北京 : 人民邮电出版社, 2021.1
ISBN 978-7-115-55236-5

Ⅰ. ①麦… Ⅱ. ①周… Ⅲ. ①思维方法 Ⅳ. ①B804

中国版本图书馆CIP数据核字(2020)第213648号

◆ 著 周国元
责任编辑 王振杰
责任印制 周昇亮
◆人民邮电出版社出版发行 北京市丰台区成寿寺路11号
邮编 100164 电子邮件 315@ptpress.com.cn
网址 https://www.ptpress.com.cn
涿州市京南印刷厂印刷
◆开本：720×960 1/16
印张：15 2021年1月第1版
字数：160千字 2025年12月河北第40次印刷

定 价：79.80元

读者服务热线：（010）67630125 印装质量热线：（010）81055316
反盗版热线：（010）81055315

献给所有不安于现状，拒绝故步自封，勇于挑战常规，饥渴般好学又理性、乐观且入世的终身学习者。

CONTENTS 目录

# 下篇　结构化战略思维的应用

FOREWORD 引言

# 为什么需要结构化战略思维

危险是真实存在的，而恐惧却是一种选择。

——《重返地球》[1]

## “焦虑”在VUCA时代蔓延

我们生活在一个高速、易变、模糊而不确定的VUCA[2]后微信时代。

VUCA时代知识迭代如此迅猛，我们每个人都被卷入新概念和新名词的“竞赛”。各种概念花样翻新，大数据、人工智能、虚拟现实、区块链、计算神经学[3]、智适应[4]等层出不穷。这些无疑都冲击着甚至颠覆了人们已有的知识体系，也必将改变未来的工作和生活。信息超载，变化已经让人应接不暇，谁还敢奢望“引领”这个VUCA时代？！

对于公司而言，市场竞争和客户需求也以分秒为单位更迭着。“90后”开始步入而立之年，“00后”已经逐渐成为消费主力军，新新人类“10后”甚至

---

❶ 电影《重返地球》，2013年哥伦比亚电影公司制作，导演奈特·沙马兰。

❷ VUCA：volatility（易变性），uncertainty（不确定性），complexity（复杂性），ambiguity（模糊性）。

❸ 计算神经学是脑科学中新兴的、跨领域的交叉学科，是达到高级人工智能的必要桥梁。它把大脑看成一个信息处理的器件，用数学物理计算机等综合方法研究生物的大脑如何工作。

❹ 智适应（Adaptive Machine Learning）是第四代机器学习，首次创造了人与机器间的整合的学习环境，它结合了以前的原则为基础的简单机器学习和深度机器学习，增加了“无监管的机器学习”，将人类的关键输入更高效地作为机器学习的参考，大大提升了预测的准确性。

“20 后”也已经出现在人们的视野中。企业每时每刻都面临大大小小的商业抉择，而市场留给企业的反应窗口期却越来越短。“不作为”和“选择错误”同样致命，同样不可原谅，同样会使企业被市场无情地抛弃。

无法回避，无处可逃，我们必须做些什么来改变命运！就这样，高速运转的世界迫使人们匆忙决策。很多时候，这种感觉好似人们向空中抛起一枚硬币，之后只有惴惴不安地期待好运降临。

VUCA 时代的外部环境带来的挑战已经足够大，更糟糕的是，人们还面临日益强大的超级机器的挑战。过去 10 年，自动化已经基本攻陷简单重复的制造类工种，与此同时，具有学习能力的人工智能正在突飞猛进，并逐渐取代部分高薪人类岗位。斯坦福大学的最新研究指出，人工智能对分析师、销售经理、程序员、理财顾问等对受教育程度要求高的高薪职业冲击之大，甚至远远超出自动化对蓝领工作的冲击[1]。

西方学者、“大数据之父”舍恩伯格在数据科学经典《大数据时代：生活、工作与思维的大变革》一书中曾预言，人类和强大的人工智能的最终区别是人类的本能、敢于冒险、巧合事件和错误[2]。换句话说，人类从此不要奢望跟机器竞争有正确答案和最佳解决方案的任何工作。

在这样严峻的职场环境下，无论是管理者还是一线人员，都被要求能独立思考，具有商业敏感度、大局观，具有国际视野，同时具备快速学习的跨界能力，以及创业和创新精神等。我们像在为一架在高空高速前进的飞机更换起火

❶ 资料来源：What Jobs are Affected by AI Report 一文。

❷ 维克托・迈尔 – 舍恩伯格，大数据时代：生活、工作与思维的大变革 [M]. 周涛，译 . 浙江：浙江人民出版社，2012.

的引擎：一面忙着运用已有的技能保障生活和工作的正常运行，一面又要面对全新的挑战快速学习、更新、升级。

就这样，“焦虑”在VUCA时代蔓延着，而一些职场人士大多时候处于P.A.I.D.（Pressured，Action Addicted，Information Overload and Distracted）的亚健康状态。“Pressured”指的是压力大，在有限的时间和资源下，人们总要完成更多的任务。因此，人们总在做事。“Action Addicted”指的是人们没有时间思考，怕丧失机会而不得不尽快行动。“Information Overload”指的是信息超载，信息唾手可得却真假难辨，到处都是的信息“噪声”[1]，让人们无所适从。很多人经常处于不集中、不聚焦的“Distracted”状态，不停地查看手机，似乎离线几分钟就会被整个世界遗忘，时刻处于一个什么都想做但什么也做不好的焦躁而低效的状态。

### 错不起的选择

我们还要面对更重要且更复杂的关键选择，这加重了时代的“焦虑”。无论是企业还是个人，在发展的特定时期都会遇到重大决策的三岔路口，需要做出明确的方向性选择。而这些选择所产生的冲击远超日常的琐事，它们关系个人事业成败或公司未来的存亡。这些重大的问题很“值钱”，英文俗称“Million-dollar Questions”，也就是“百万美元”的问题。

对于企业来说，“百万美元”的问题常常事关企业战略方向，比如产品战略聚焦高端还是中低端，商业模式是线上还是线下等。不同的战略选择可能带来

[1] 信息“噪声”是指海量的虚假或与决策无关的信息，这种“噪声”的存在增大了我们正确判断的难度。

不同的经济回报，甚至直接影响公司未来的成败。实战中，公司可能会面临如下战略问题[1]。

- 中国最大的白色家电[2]公司如何拓展新品类？
- 中国最大的计算机厂商今后5年的全球发展战略是什么？
- 世界500强医疗设备公司如何进入中国市场？其产品是否需要为中国定制？
- 某国央行需不需要推行货币电子化，如需要，推行的步骤是什么？

对于个人来说，每个人都是自己的首席执行官（CEO），为“自己”这个产品负责。在重大的工作或生活决策面前，决策失误会造成长久的负面影响。比如以下个人重大决策，都会直接影响个人未来的发展轨迹。

- 我喜欢投资，可现在是名码农[3]，该如何转行？
- 我应不应该去创业？如果去，什么时候合适？应该做哪些准备？
- 我应该出国留学，还是在国内读个硕士？学位对长远发展有帮助吗？
- 如何才能在团队中脱颖而出，补短板还是增强项？

面对以上这些对于公司和个人都至关重要的“百万美元”的问题，平时就处在“焦虑”和“P.A.I.D”状态的人们难免更加焦躁不安。当下急需一套科学的方法突破“焦虑”，以便面对关键选择也能更快更好地学习，更自信更科学地

---

[1] 书中所举案例都根据真实案例改编而成。

[2] 白色家电指可以替代人们进行家务劳动的产品，包括洗衣机、冰箱等，或者是为人们提供更高生活环境质量的产品，像空调、电暖器等。

[3] 网络用语，指某个专业领域中的程序设计人士，或是从事软件撰写，程序开发、维护的专业人员。

决策。

**飞越“舒适区”和“快速思考”**

“焦虑”很大程度上源于对未来的不确定。在VUCA时代，很多事情的发生常常出乎意料。面对未知和可能超出预判的潜在的负面影响，人们会觉得失去控制，因而产生烦躁和忧虑的情绪。只有通过对问题深入、理性思考和客观分析，加深对问题的理解从而减少不确定性，才会在一定程度上缓解“焦虑”。

然而，持续性的理性思考和问题分析并不容易实践。虽然人们都在试图改变“焦虑”状态，可有的人只停留在抱怨、对变化浅尝辄止的阶段，有的人没过多久就被惯性拉回到自己熟悉的思考习惯中。少数的终身学习者虽然依然在苦苦求索，但缺少体系化方法，收效甚微。每次突围“焦虑”的失败都会让人感觉更加无助和不安。

要养成理性思考、理性办事的习惯，人们首先要走出心理上的舒适区和大脑快速思考的本能。

心理上的舒适区就是人们常年形成的固化思维方式和被思维方式决定的习惯、观念或行为等。每个人的知识背景、家庭背景、年龄、经历等都是营造舒适区的基石，各种因素相互作用，共同形成了对自身能力边界的判断。舒适区会时刻提醒人们能做什么或不能做什么。在舒适区范围内的事情，人们做起来就会觉得舒服、放松、稳定，能够掌控且很有安全感；反之，就会感到别扭、不舒服或不习惯。舒适区像引力的中心，不断地将为了改变现状而做出的尝试拉回到熟悉的起点，以致画地为牢、作茧自缚。

产生“焦虑”的大脑也会跟着捣乱，本能地排斥理性思考。人的大脑习惯性地按照主观判断和本能运作，在一定程度上阻碍了自我更新和突破。诺贝尔奖获得者丹尼尔·卡尼曼（Daniel Kahneman）教授在《思考，快与慢》[1]中指出大脑有两种不同的思考系统：以直觉和感性为基础的系统 1 快速思考和理性的系统 2 慢速思考。面对任何问题，大脑首先本能地启用系统 1 快速思考，渴望从过去的经验里快速找出直接答案，即使答案十分牵强，有时也照搬照抄。只有在系统 1 快速思考陷入困境的时候，系统 2 慢速思考才被启动，利用更靠谱的理性逻辑分析看待问题。

比如，在观看 3D 电影时，一只老虎从屏幕里向我们扑来，即使知道这是计算机合成的虚拟场景，我们也会下意识地做出躲闪的动作。这种自动开启的系统 1 快速思考在人类发展中起到过避险等重大作用。同时也简化了生活，让我们不必每天早上起来都思考一遍如何穿衣戴帽。而系统 2 慢速思考是相对被动的，只有在感受到系统 1 快速思考的求助时才会启动。如果没有理性思考的习惯，平常人面对大多数熟悉的问题会不假思索地用系统 1 快速思考选择相对安全而从众的解释。

我们需要在思维层面突破舒适区的束缚和人脑快速思考的惯性，养成理性思辨的习惯。只有这样，才能从“焦虑”中突围，面对“百万美元”的问题才会自信地理性思考，做出正确的判断，才有机会完成从平凡到优秀的提升，甚至实现从优秀到卓越的飞跃。

但舒适区和快速思考让人们安于现状，并阻碍人们用理性降低不确定性。VUCA 时代鸡汤泛滥，很多人只是听听知识付费频道，看看大咖跨年讲演，再握紧拳头做一个势在必得的屈臂姿势表决心，但最终还是在沙发上沦落成一个

---

[1] 丹尼尔·卡尼曼 . 思考，快与慢 [M]. 李晓姣，李爱民，何梦莹，译 . 北京：中信出版社，2012.

优雅的不愿思考的“沙发土豆”（Couch Potato）。

**斜杠——神一般的存在**

同在“焦虑”泛滥的VUCA屋檐下，我们周围却还存在着一股斜杠清流。斜杠大神[1]们可以身兼数职，职业头衔中的斜杠意味着这些职业之间不是“或者”的选择关系，而是可“同时”拥有的并列关系。

斜杠大神们似乎都是焦虑的绝缘体。对他们而言，跨界变成家常便饭，并且他们总能在时代变革的风口浪尖引领潮流、叱咤风云。埃隆·马斯克（Elon Musk）就是一个公认的斜杠跨界之王：坐拥“金融专家”“电动汽车之父”“宇宙探索者”“创新者”“梦想家”等头衔。埃隆用贝宝（PayPal）成功定义了互联网金融之后，又进军汽车行业并制造出Roadster、Model S、Model X等电动汽车，影响了汽车行业的电动化走向。最近10年，埃隆又用“猎鹰”系列火箭，颠覆了国家管控的航天产业的传统。我们很难用一种特定的专长或行业定义埃隆，就算认为已经成功地定义了他，埃隆也会用自己的特有方式跳出已有的定义范畴。

世界顶级战略咨询公司麦肯锡（McKinsey & Co.）是盛产斜杠大神的神奇公司。我有幸在麦肯锡中国香港特别行政区办公室工作了几年，结识了很多斜杠大神。麦肯锡的斜杠大神们总能轻松跨界，举重若轻地同时做多件事情。更不可思议的是，斜杠大神们在事业成功的同时，还能活出个人生活的精彩。比如，我的前同事是战略咨询师、投资者、知名作家、书法家、医学博士；麦肯锡校友是外企高管、网络作家，同时又是顶尖的画家和钟表匠人；另外一个前

[1] 大神：网络用语，指神一般的人物，通常在相应的领域具有高超的能力。

同事投资之余开了酒吧，自己做老板兼爵士乐歌手。

斜杠大神云集，麦肯锡是真正的“斜杠大本营”。斜杠们有许多相通之处：做事能快速学习并融会贯通，具有超强的自律自控能力和适应能力；做人自信、坚定、边界感强，人生方向感强；对“焦虑”拥有强大的免疫力，同时还会用积极乐观且入世的人生态度感染并引领周边的人。

斜杠们拥有什么诀窍对抗焦虑，做到事半功倍呢？既然麦肯锡是“斜杠大本营”，那斜杠的产生跟麦肯锡公司的方法论和文化有没有必然联系？

**结构化战略思维：斜杠大神的秘密武器**

麦肯锡是世界知名的战略咨询公司，是一家专门为大型企业解决各种至难商业问题的智囊公司。由于麦肯锡所服务的公司不限行业，战略咨询项目涉及的领域又十分广泛，因此几乎不可能要求每个咨询师都在专业知识上做到充分储备。对于咨询师来说，每个项目都是一次短期而高强度的跨界。

除了战略项目行业和主题不确定之外，包括时间在内的各种资源也永远都是奇缺的奢侈品。面对大多数战略项目，麦肯锡的战略咨询团队一般是 3~5 人的编制，咨询师们被要求快速学习和适应，在 2~3 个月内帮助世界 500 强类企业，为其重大战略决策输出值得信任的指导性意见。

麦肯锡并没有像绝大多数咨询公司那样把团队按照专业背景分类，让咨询师聚焦某领域，以培养出行业专家。相反，公司几十年如一日地反复在做一件事：体系化地培养和提升每个咨询师的学习能力和解决问题的能力，把他们培养成能快速适应各种项目、以一当十的“通才”。

按照“不确定是焦虑诱因之一”的简单逻辑，像麦肯锡这样把“‘不确定’可以说是唯一的‘确定’”作为常态的公司，理应是“焦虑”的重灾区。然而，在项目中，麦肯锡的团队成员呈现出与“焦虑”截然不同的健康状态：在各种压力下，不仅焦虑无处可寻，训练有素的咨询师们更是信心满满地高效工作着，有条不紊地成功解决着各类最具挑战的商业难题。而且，如前所述，麦肯锡毕业生也成了斜杠大神扎堆的群体。由此可见，麦肯锡的学习方法不但在短期项目上有效，而且能让人终生获益。

麦肯锡持续把不可能变成可能的秘密武器是什么？麦肯锡团队成员如何快速学习并在短期内完成跨界并达到引领行业专家制定战略方针的专业水平？

其制胜的要素有很多，包括人才筛选、品牌、公司管理和企业文化等，但麦肯锡在其内部推行的“结构化战略思维”和其应用方法无疑是成功的核心法宝，也是本书讲述的重点。

让我们现在就开启结构化战略思维的学习之旅吧！

上篇 THE FIRST PART

# 认识结构化战略思维

第 1 章

# 结构化战略思维是什么

麦肯锡结构化战略思维是一种学习如何学习的认知方法，是批判性思维（Critical Thinking）的一种存在形态，也是一套以数字和逻辑为基础的理性科学方法论和实用技巧。

结构化战略思维这个概念分为“结构化”和“战略”两部分，其中“结构化”是方法手段，而“战略”是问题属性和高度。

本书从第 2 章开始将用大篇幅讲解“结构化”的详细内容，包括“维度”的概念和维度“切”的 MECE 原则及具体应用，此处先不做展开。

我们首先看看战略的概念和战略思维的特色。

战略是为长期维持可持续竞争优势设定的重要方针和计划，而不是短期制胜的商战技巧。口耳相传的民间故事里不乏经典的战术故事，例如草船借箭、空城计、田忌赛马等。然而，这些“术”不同于现代管理学中对“战略”的定义。

以“田忌赛马”为例，田忌赢在“术”，但从战略角度讲，他所在的赛马团队已经输得一塌糊涂。对方每一匹马都比田忌相同档次的马匹精良且跑得快。也就是说，田忌的对手团队其实拥有无可非议的可持续竞争优势。田忌的聪明举措只能在信息不对称的特殊场景下出奇制胜，一旦游戏规则有所改变，田忌则必输无疑。

而战略思维是为建立和维持这种长期的、可持续的优势而做出的思考过程。在公司或个人发展的初始期和关键拐点，往往“选择比努力更重要”。战略思维是相对于专家思维的一种思考方法，它强迫我们放下过往的经验，从大局和“盒外”思考中长期的发展方向。

因此，战略思维并不关注学习静态的知识，也超越了战术层面的小聪明，而是帮助企业或个体在面对不确定的未来时，以严谨逻辑和数字为支撑，做出理性的方向性选择，以避免大量无谓的南辕北辙式的资源浪费。

结构化战略思维是后天习得的思维方式和工作方法。学习这套方法并持续实践，就能够打破画地为牢的舒适区，善于启动大脑理性的系统 2 慢性思考，快速学习和认知，并能自信且体系化地解决各种至难问题。

我们每个人都可以成为善于解决问题的思辨者。

第 2 章

# 维度：结构化战略思维的核心概念

导师："今天切了吗？"

学员："切了。"

导师："切干净了吗？"

学员："呃……我再看看。"

## 2.1 重塑“问题观”

如前所述，在“焦虑”蔓延的VUCA时代里，斜杠大神们引领潮流，被追捧、被膜拜，甚至被羡慕嫉妒恨。人们把他们超群的能力和斐然的成绩归为“天赋”“运气”或“骗术”。人们经常发出以下疑问。

- 为什么他们面对任何问题都有思路，而且聊起来头头是道？
- 这些人是如何做到轻松跨界的，没有专业知识怎么可能？！
- 麦肯锡怎么能给不同行业的公司做重大决策建议？这些公司难道没有专家吗？

这些疑问不同程度地映射了我们看待问题的态度，也就是“问题观”。不难看出，人们质疑斜杠大神的理由是“术业有专攻”，跨界必须掌握专业知识；没有专业知识而跨界是不可思议的，甚至是疑似“无源之水”类的障眼法。“问题观”上类似的偏颇，有时会直接引发个体面对挑战时行为上的差异，成为我们成长的桎梏。既然“问题观”如此重要，那就应该正本清源地从这里开始理解结构化战略思维。

我们不妨回想一下自己平时在面对形形色色的问题或主题时的自然反应。当面对熟悉的问题时，大家往往很容易打开话匣子，乐于分享观点，比如医生谈药理、码农聊IT、创业者诉苦难，以及任何人聊娱乐八卦或中西医差别之己见；而面对超出自己舒适区的、自己不太懂的问题，比如问医生和码农“如何提升企业盈利能力”之类问题，大多数人会觉得自己缺乏专业知识和相关经验，因而谦虚地承认自己“不懂”或“不是专家”，然后把话语权移交给真正的专家。

当话语权转移时，我们已经在很大程度上抑制甚至关闭了大脑的主动思考活动，而处于等待输入并准备接受信息的被动依赖状态。在得到专家的权威观点后，出于对权威的信任，人们大多时候会习惯性地接受观点，并乐此不疲地重复并传播。自古以来，“知之为知之，不知为不知”和“不耻下问”就是被鼓励的美德。这种根深蒂固、约定俗成的被动式学习和不加思考的传播甚至会使人们在体内产生一定数量的多巴胺，从而身心愉悦。就这样，人们成了知识的搬运工，像个做好事而不留名的快乐的人。

而思辨者却不这么认为。他们认为，人们面对超越舒适区的跨界问题时所表现出来的对专家权威观点的依赖和机械重复实质上是一种不折不扣的“吃瓜”行为，也就是单向接受信息。在对待问题的态度上，思辨者有截然不同的表现。他们首先把自己定义为“解决问题的人”，在内心里拒绝做个安静的受众，而是对问题保持亢奋的“进攻”状态。

只有态度是不够的，对待问题，还要有体系化的方法。思辨者除了拥有永远怀疑和勇于解决问题的心态，还通晓不同思维方式及其局限性。按照认知的过程和方向，可粗略地把思维方式分为两大类：自下而上的专业思维和自上而下的结构化战略思维。

### 2.1.1 专业思维

专业思维是人们最熟悉的一种思维方式，这种自下而上的方法在主流教育体系中随处可见。回想上学的时候，每门课程的老师都会从教材的第 1 页开始，按顺序线性讲解到最后 1 页，最后测验学生理解内化的程度。自下而上是指学习知识的过程是厚积薄发的线性过程，把所有底层（“下”）细节知识点都掌握了再提炼对整体（“上”）的理解，只有在这时才能做出专业的判断。这种学习方法也催生了“专业思维”这种思维模式：只有学全学透后才能表达观点。“知之为知之，不知为不知”，所以在不懂专业知识的时候不要参与讨论。没有专业背书的意见一律会被斥为“忽悠”。

专业思维的优势是显而易见的。在面对重复发生的有关具体技术或技巧类问题时，有良好知识和经验积累的熟手是解决这类问题的不二人选。比如，病患要做手术的时候，谁会希望实习生拿自己练手？所有人都希望由经验丰富的医生操刀。面对重复发生的技术类问题，专家们“见怪不怪”，用以往的“最佳解决方案”避免了“重新发明轮子”的浪费。这种方法在确保解决方案质量的同时还可以多快好省地批量复制。

专家的自信源于其相关的专业性和过往经验，这也是人们信任专家的主要原因。遇到问题时，专家通常有如下反应。

- 我是学这个专业的！
- 我成功做过 $N$ 个类似的项目！
- 我看别人成功地做过类似的项目，可以借鉴！

但自下而上的专业思维方式的局限性也十分明显。首先是学习周期长。随着学科细分和知识积累的指数倍增加，单个个体已经很难成为多领域的专家。VUCA 时代已经不可能再见到文艺复兴时期达·芬奇般的传奇人物——可以在绘画、生物学、植物学和建筑学多个领域成为泰斗。活在当下的人们连某一细分领域都难以精通，更没有多余的时间线性学习多个领域，因此专业思维的长周期积累就成了跨界的壁垒。有人将这种自下而上的“慢工出细活”形容为“把海水煮热而取一瓢水”，在时间压力大的情况下不可行。

专业思维还有一个局限，如果专业和经验运用不当会严重限制创新。自下而上线性发展本身就排斥盒外思维[1]的冲击。代代相传的经典不容置疑，就算已经脱离了社会现实和需求也无法自我修正。另外，过往专业的成功经验也会被不自觉地滥用。正如武林中的所谓“一招打遍天下无敌手”，专家习惯从过往的方案出发考虑所有新问题。“手里有锤子，什么看着都像钉子”，频频挥舞大锤，潜在的危害巨大。

### 2.1.2 战略思维

战略思维这种自上而下的方法从认知方向、顺序上颠覆了厚积薄发的传统专业思维。战略思维是“结构化战略思维”的简称。这种思维方式不会因缺乏相关的专业知识和经验而纠结，往往直接从问题本身（“上”）着手，仔细推敲问题本身的定义和准确性，用结构化战略思维“切”的方法分解问题，并用严谨的逻辑全面地提出假设，而后或通过对数据的采集与分析证实假设，或推翻

[1] 盒外思维（Out-of-the-box Thinking）是指跳出已有的条条框框进行思考，用全新的视角看待问题，以帮助人们生成创新性的解决方案。

已有假设并建立新的假设（“下”），如此循环而深入地验证假设。不断探究深“挖”问题核心，以获取问题的最终解决方案。

思维方式没有优劣之分，专业思维和战略思维彼此互为补充。在许多场景下，我们会反复应用不同的思维方式彼此验证。但在特定的环境下，比如在时间压力大、缺乏专业知识、资源受限、无可借鉴经验、问题偏重全局或大方向等情况下，自上而下的战略思维就显示出快速认知的优势，尤其在面对跨界的战略类问题时，战略思维则更容易成为思考方式的首选。

值得指出的是，战略思维能够赋予人们难得的“能做”的跨界自信。由于思维方式的不同，思辨者的自信并非基于专业知识和经验，而源于超越具体技能的解决问题的能力。不论在行业、企业阶段、状态、科技、产品等方面存在多大的差异，在思辨者眼里，战略问题和前文所述的各种“百万美元”的重要问题在本质上都同样是问题，而只要是问题，就都可以凭借结构化战略思维和自上而下的方法找到解决方案。

## 2.2 跨界的“简单按钮”

战略思维要求我们超越问题的细节（比如科技），从更高层面看待所有可能的解决方案。超越细节意味着，尽管所在的行业不同，但相同或类似的战略问题的解法很可能具有普适性。这也解释了为什么斜杠大神们无论面对何种行业的战略问题，都像是在口袋里揣了一个操作简单的跨界解决问题按钮，即使没有丰富的专业背景知识，也可以信心满满、一板一眼地从容面对。

下面我们看几个常见的企业战略问题及标准回答，体会自上而下战略思维的初级“套路”。

例 1：企业转型问题

问：一家企业如何转型？

答：从 3 个层面来看这个问题——人、系统和流程。

例 2：成功要素问题

问：如何才能把一个项目做成功？

答：需要具备 3 个因素——团队的能力、动力和可调配的资源。

例 3：盈利能力问题

问：企业如何提高净利？

答：内部运营上注意 2 个方面——开源和节流。

例 4：新零售问题

问：到底什么是新零售？

马云回答：人、货、场。

我们惊奇地发现，貌似高深的商业难题被轻松拆解为更深入的细节。回答者提供了思路主干并为细节的阐述提供了纲要。

按照这样的逻辑架构可以再深入地切分下去。比如“企业转型”问题，在按人、系统和流程分解之后，可以再做细分：“人”按人力资源管理角度可分为人才的招聘、培训和成长、激励等；“系统”可以按系统功能拆分成客户管理、项目管理、财务管理等系统；“流程”可以按产品生命周期分为研发流程、生产流程、销售流程和售后服务流程等。深层挖掘之后就产生了一个树状的问题结构分解框架（见图 2-1），让受众能轻松跟随，并进行有价值的细节讨论。

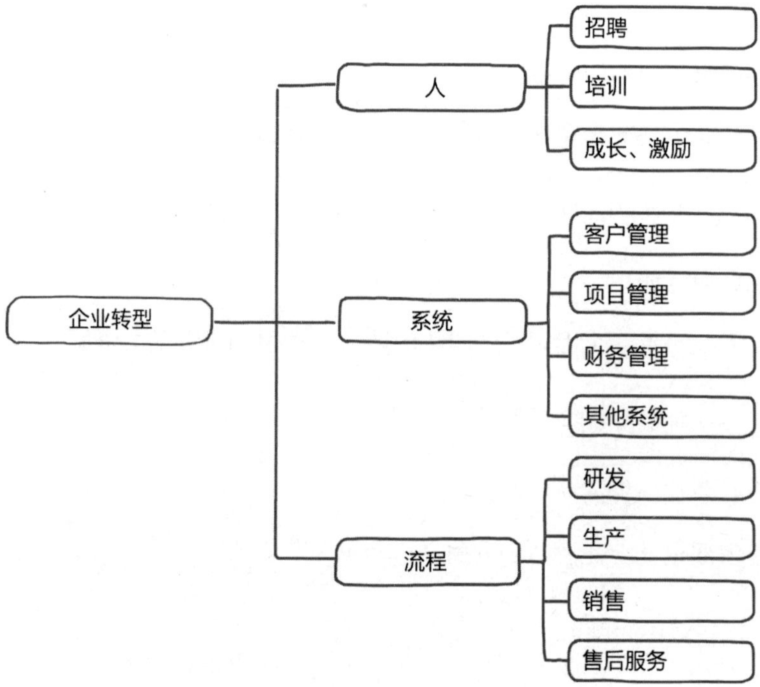


图 2-1　企业能力提升关键要素纲要

能够利用这种树状结构展开陈述的，都是结构化“切”分的高手。这种所谓的“套路”有三重优点。首先，分解出来的框架在逻辑上是无懈可击的。就连“鸡蛋里挑骨头”的苛刻受众也很难找到逻辑上的纰漏。其次，这套结构超越了具体产业或项目背景，是具有十足普适特性的框架。也就是说，我们完全不需要了解特定问题的背景，只要是相同或接近的问题，以上框架就是放之四海而皆准的标准答案。这好比裁缝做出一顶均码且有弹性的帽子，居然适合世界上绝大多数的脑袋，这就是我们一直寻找的企业管理的“简单按钮”！最后，前文列举的“套路”虽然分析线条比较粗犷，但确是深度思考的起点，可以引导我们深入讨论问题的“下一层面的细节”[1]。

貌似“套路”的框架在本质上是对特定问题结构化“切”分后的战略思维的产物。我们树立了正确的“问题观”并熟练掌握了结构化战略思维基本功后，面对任何战略问题都有自信和能力创造出更多、更好的适合实际问题的分析框架。这能帮助我们在做事之前“想清楚”，从而达到事半功倍的效果。

## 2.3 “切”名词是结构化战略思维的起点

### 2.3.1 “切”名词相对简单

“切”是结构化拆分的通俗叫法，是结构化战略思维的基本功。结构化拆分是指自上而下分析问题时，把问题逐层分解成更细节的部分，每次拆分都遵循后文介绍的“MECE”原则。结构化拆分的最终呈现形式往往是树状的逻辑结构。

结构化拆分给问题分析带来了明确的结构和顺序，在一定程度上遏制了人们面对问题时马上要解决的冲动。在重大问题面前如果缺乏结构化拆分能力，人们在讨论和决策中往往会在各种毫无联系的单点思绪之间跳跃，这样不仅浪费时间，更不能保证最终决策的质量。

结构化拆分是后天培养出来的思维习惯，与前文所述的本能的“快速思考”相反，结构化拆分需要有意识地主动调用。而获得结构化拆分能力也不是一蹴而就的，需要逐步深入。

---

[1] 下一层面的细节（Next Level of Details）将在第 10 章“培养结构化战略思维需要养成的十个习惯”中详细介绍。

从最简单的名词切分开始，探究一下“切”的定律和功用。切分名词是最容易理解的，也是人们最擅长的。因为名词的子目录分类是人们从小就被反复强化的必学内容。让我们打开记忆的大门，重温小学语文课堂的场景。

语文老师在黑板上一撇一捺地写了“人”字后，会和蔼可亲地问：“人分为几种啊？”

学生们会争抢着回答：“男人和女人。”老师马上说：“对的，这是按照‘性别’分的。”

学生们接着说“工人、农民、警察……”老师点头后会说这是按照“职业”划分的。

如果有同学说：“人分为农民和女人！”老师则会指出，这是错误的分法，因为划分标准不一样：农民是职业，女人是性别。

以上的练习其实是用不同维度来切分“人”这个品类。“切”人的利器就是老师反复强调的“性别”“职业”等，这些在结构化战略思维中被统称为“维度”。

任何常用的名词品类，都可以用多个维度来划分下一层的子分类。就“人”这个品类为例，常用的维度就十分丰富：地域（如北方人）、国籍（如中国人）、性别（如女人）、年龄（如中年人）、年代（如古人）、财富（如富人）、身高（如巨人）、道德品质（如好人）、颜值（如美人）和学历（如大学毕业）等（见图 2-2）。总而言之，每个描述人的形容词都可能成为划分的维度。

如果按照是否掌握了结构化战略思维能力来划分，世界上的人就会被分为两种：“思辨者 / 解决问题的人”和“吃瓜群众”。

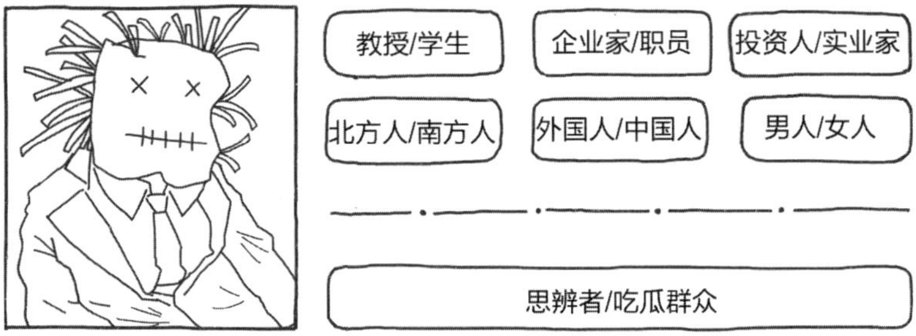


图 2-2　用多个维度来划分“人”

在日常生活中，很多形容人的词汇其实是多个维度的组合，比如“美女”是颜值和性别两个维度的组合，“高富帅”和“矮矬穷”是身高、经济状况和颜值三个维度的组合，等等。

### 2.3.2　MECE 原则为核心

切分名词时，人们会有意无意地运用“切”的基本规则：MECE 原则。MECE 是英文“Mutually Exclusive，Collectively Exhaustive”的简写。MECE 原则要求结构化切分后要达到如下要求。

（1）子分类相互独立无重叠；

（2）子分类加起来穷尽全部可能。

这些原则听起来有些高深和晦涩，但其核心理念并不难理解，人们很多时候都在无意识地应用这些原则。尤其我们在进行常用的名词切分时，会自然地遵循这两条基本原则，任何违反约定俗成的分类我们都会察觉到其中的不妥。比如，以“性别”来切分人类，分为男人和女人两类，这种分类就符合 MECE 原则。首先，子分类“男人”和“女人”相互之间在逻辑上是没有重叠的。也就是说，每个人不是男人就是女人，不能既是男人又是女人。此处暂且不卷入社会上多元化的争议话题，从传统观点和逻辑角度来看，按“性别”把人切分为男人和女人是符合第一条“子分类相互独立无重叠”的要求的。这种分类也符合第二条要求——男人加上女人应该是人类的总和，也就是两个子分类在一起已经穷尽了人类以性别维度来切分的可能性，除了男人和女人之外没有第三种性别。

如前所述的错误陈述“人分为农民和女人”就同时违背了 MECE 的两条要求。违反第一条是因为农民和女人不是独立不重叠的，农民包括女农民，其性别是女；女人也包含职业是农民的人。同时，这种分类也违反了第二条要求，农民和女人加起来并不是人类的全部，比如“男老师”就不在农民和女人的集合中。

MECE 不光是切分名词的规则，也是问题逻辑切分的关键。后文在着重讲述切分问题时会进一步探讨。

使用 MECE 原则切分时，尤其是在商业战略类问题的讨论中，要求衡量的维度满足**“具体可衡量”**的客观标准。如果缺乏量化客观标准，虽然切分也同时满足 MECE 的两项要求，但每次对子品类具体个体归属的判断都会面临模棱两可的窘境。例如，如果以“好和坏”的道德标准作为划分维度，在“具体可衡量”层面就十分具有挑战性。

结构化战略思维十分强调科学精准划分，杜绝简单粗线条的划分。要把“好”和“坏”用明确数据标准做区分，给每个判断以充足、具体又可衡量的指引，这并不是一蹴而就的容易事。例如，我们判断一个人是好人还是坏人，首先要明确以哪套道德标准为界定的基础。世界上存在很多道德标准，甚至有些道德标准相互矛盾。统一道德标准背景后，还要把具体的行为标准提炼出来。

例如，如果公益捐赠是个好的行为，那么什么频率或金额才算达标？是否跟个人财富总额成比例？如果是，比例应该是多少？除了捐赠还有其他类似的行为，它们之间关系如何？各种具体问题接踵而至，都需要我们进行进一步商讨。

可以看到，在结构化战略思维的语境下，“好人”和“坏人”这个大家常用的评判标准其实十分复杂，这也跟切分的颗粒度过大或深度不够有直接联系。媒体里或商业谈判中经常存在一些奇怪的现象：交流时，双方在陈述一模一样的观点，但每次都还是争论得面红耳赤，反复强调希望对方做“正确”的事。产生这种争论的更深层次的原因在于双方对基本的“好与坏”“对与错”“公正和不公正”的切分维度没有一致的具体可衡量的标准，从而陷入鸡同鸭讲的窘境。

### 2.3.3 “切”名词可产生商业洞见

阅读至此，大家或许会觉得名词切分是个过于简单的练习，甚至由此看轻“切”以及 MECE 原则的变革性贡献。其实不然，所谓大道至简。“切”是结构化战略思维的起点，切分商务环境中的关键名词（比如“用户”和“产品”）本身就会带来很多意想不到的商业洞见和启示。

精准的名词切分可以给公司战略提供方向性建议，先举个切分“用户”的例子。

5 年前，我有幸被某国产知名手机品牌企业邀请做战略项目。因为项目需要，团队对其某省销售公司的中层管理进行问卷调研，其中有一个问题是“根据你的理解，本公司主要手机品牌 V 目前的核心消费者具有什么特色？”

这个问题看似简单，但实质上非常具有挑战性。它要求被问卷调查的管理层对公司主营产品目标客户的用户画像进行描述。如果中层管理者和一线员工都能精准地做出相对一致的回答，不仅说明公司产品战略清晰，也体现了公司产品战略宣贯上的到位。

问卷调查结果惊人地一致，所有的被访者都异口同声：公司主营产品的核心客户是“二三线城市的年轻女性”。我们仔细看看这个貌似简单的只有一句话的用户画像总结。这里用 3 个不同维度清晰地定义了核心用户群体：第一个维度是“地域”，是二三线城市，非一线城市；第二个维度是“年龄”，是年轻的，年龄在 17 到 30 岁；第三个维度是“性别”，是女性。

用户画像是公司产品和市场等战略方向的重要决策因素之一，其功用巨大，甚至可以引导公司核心业务部门的工作方向。

首先，研发部门会主要关注二三线城市的年轻女性的核心需求。定价方面，产品在具有超值功能的同时，价格上也要具有优势，二三线城市居民的消费能力毕竟不如一线城市；外观设计方面，产品应该追求小巧、柔和可爱的外观，粉色系会更受女性喜欢；功能设计上，超强摄影和美颜修图功能是必备要素，因为女性用户大多数不在乎手机能不能拍到天上的星星，只需要把自己照成最闪亮的那颗星即可。

其次，公司的市场部门也有了明确的方向。当时，在二三线城市年轻女性中哈韩风潮正盛，V 品牌有意连续几年用韩国明星和欧美明星做代言。通过电视广告和综艺节目等最容易覆盖二三线城市的媒体渠道，对潜在的目标客户群体投放广告。更令人吃惊的是，公司内部调研显示，在国产手机品牌影响力还较低的 21 世纪 10 年代初，V 品牌的目标客户——二三线城市的年轻女性——大部分误认为 V 品牌是一个来自韩国的高端手机品牌。公司借助当年“哈韩风潮”增加了目标客户的购买动力。

从清晰的客户划分中获益的不仅是研发部门和市场部门，公司其他部门，如销售、渠道等也获利于这种清晰的定位。门店的陈设风格相对女性化以吸引目标客户，就连备货时，门店也尽量会优先储备适合核心客户的产品款式及周边产品。

就这样，“二三线城市的年轻女性”这个貌似简单的对目标客户的三个维度的切分组合清晰地定位了 V 品牌当时的核心客户，也成为公司产品和市场战略的核心决策因素之一。这种多维度的清晰目标客户画像分析帮助该公司成为中国销量最大的手机厂家之一。

不仅精确切分“用户”会对公司战略产生巨大影响，切“产品”也有类似的功效。再举个切“产品”的实战例子。我曾为某艺人经纪公司 B 公司做企业辅导，同样是利用“切”的方法论跟 B 公司的管理团队一起打造了艺人管理的创新型“星值体系”。

随着新签艺人的增多，当时艺人经纪公司 B 公司日常管理面临的挑战是，在资源有限的情况下，如何把资源最高效地配置给艺人，同时规范艺人的绩效，以达到公司收益的最大化。换句话说就是，B 公司如何把有限的资源优化地分给每个艺人才能赚更多的钱。

对于一家艺人经纪公司而言，其产品及库存就是艺人和他们的宝贵时间。当时 B 公司尚处于初期状态，只有 2~3 名资深经纪经理，其他支持团队如才艺教练、化妆师、造型师和摄影师等也都处于接近满负荷的工作状态，分配资源自然是个难题。在缺乏数字化管理的情况下，以往资源分配都是由首席执行官一事一议进行。随着公司签约的“潜力股”艺人越来越多，艺人都在竞争公司内有限的资源。如何系统化地判断并分配公司资源？以前的主观判断和“关系”为主的资源分配和晋升规则已经暴露出明显的局限性并造成严重的资源浪费现象。

要解决这个问题，公司管理层首先做了“切”的练习：“切”艺人。

把所有能想到的切分艺人的维度和所产生的子品类都列出来，然后做归类并逻辑提升，最后进行适当筛选和合并。篇幅有限，此处仅罗列讨论结果。归纳的核心维度有：粉丝年龄、性别、艺人地域、艺人才艺类型（如演唱）、实力水平（实力派、偶像派）、已有粉丝基数、可塑性 / 跨界能力等。

有了该维度清单后，管理者们第二步就要列出评判每一个维度的具体可衡量的客观标准。有些维度很简单，比如粉丝年龄、性别、地域等，很容易制定标准。但有些维度则需要深入讨论，比如什么是艺人的“可塑性”？它很可能是一系列特质的综合，学习能力、擅长才艺品类、才艺基础、颜值等都可能起到一定作用。各个因素到底要占多少比例？各因素之间是否独立不重叠？比如“学习能力”可能跟艺人的年龄和才艺基础相关，年龄越小或才艺基础越好的艺人学习新才艺的能力越强。如果证明正相关，就可以考虑去除重复的衍生因素。

关于具体可衡量维度评判标准的讨论本身就有很高的商务价值。讨论过程不光是行业专家输出业务知识和梳理思路的过程，也是“外行”学习行业知识的极佳机会。访谈和讨论过程会碰撞出商业洞见的火花，也能纠正了不少常见的对业务理解的偏差。

维度清单和评判标准齐备之后，第三步是给每个维度打分并给每个维度赋予一定的权重值。假设最终的核心维度有 ABCD 四项，每项的最高分都是 100 分。A 项占整体决策权重的 50%，B 项占 30%，C 项和 D 项各占 10%，总和应该永远是 100%。在计算时，每一项的实际得分乘以各自权重值，就可以计算出每个艺人按照标准评判流程而得出的可比较的分数（见表 2-1），美其名曰“星值评分体系”。

表 2-1　星值评分体系

| 优先级 | 艺人 ID | 姓名 | 维度 A（50%） | 维度 B（30%） | 维度 C（10%） | 维度 D（10%） | 总分 |
|---|---|---|---|---|---|---|---|
| 1 | 004 | X | 95 | 80 | 80 | 90 | 88.5 |
| 2 | 002 | Y | 90 | 85 | 95 | 80 | 88 |
| 3 | 001 | Z | 85 | 70 | 75 | 90 | 85 |
| 4 | 003 | M | 80 | 80 | 80 | 90 | 81 |

该评分体系同时规范了艺人的行为，确保艺人行为和公司利益的统一。公司 B 制定了相关的艺人绩效关键绩效指标（KPI），然后把这些 KPI 作为星值体系的输入项。这样，每个艺人为获得较高的资源分配优先级就会努力达到甚至超越可量化 KPI，也就确保了公司利益的最大化。比如，公司可以把参加标志性的综艺节目（如某卫视娱乐节目）、热搜排名、微博粉丝数、直播流量或带货金额等变成星值体系的输入项，激励艺人向特定方向健康发展。按照星值的区间，还可以进一步定义公司内部艺人分级评分体系，并按一定时间对艺人进行阶段性评估和更新。

综上，通过 3 步操作，一个“艺人资源配置量化参考系统”的雏形就诞生了。它虽然不是资源分配的唯一依据，但在实战中却可以为管理者决策提供关键参考输入。而且公司拥有了一套公开透明的资源配置评判标准，也为每个艺人提供了明确的行为指引，规范并简化了管理。

对核心业务品类（名词）的深入分析是公司战略讨论的起点。这种思路其实早已渗入现代公司管理。经常被应用的公司管理 IT 数字化系统，如客户管理系统CRM（Client Relationship Management）和产品信息管理系统PIM（Product Information Management），其顶层设计从商业视角理解无非是在行业最佳解决方案的基础上，对关键核心名词的重要维度在数字化之后做深入而细致的记录、判断、筛选、排序、更新、备份等并利用 IT 系统进行相应的流程管理。

## 2.4 “切”问题，更上一层楼

对大多数人来说，“切”名词相对容易理解，然而“切”问题对没有经过结构化战略思维训练的人来说就没有那么自然了，颇具挑战性。

如前所述，“切”问题跟主观本能的快速思考相反，是“不自然”的思考方式，需要我们有意识地强迫启动。丹尼尔·卡尼曼教授在《思考，快与慢》一书中阐述了以直觉和感性为基础的系统 1 快速思考和理性的系统 2 慢速思考。面对问题，尤其是熟悉或相对简单的问题，人们有强烈的本能冲动在短时间内找到答案，常常会用直觉感性的系统 1 代替理性的系统 2，而这种快速生成的答案会给我们一种莫名的认知舒适感（见图 2-3）。

卡尼曼教授直白地说，尽管大多数人自称能用系统 2 思考，其实都是自吹自擂。结构化思维“切”的训练就是要求我们时刻反抗这种本能的系统 1 快速思考，强制启动人脑理性的系统 2 慢速思考。

“切”问题虽然要比“切”名词更复杂，但所遵循的同样是 MECE 原则，和“切”名词并没有本质差别。在符合 MECE 原则的基础上，“切”问题主要有 4 种方法：公式法、子目录列举法、流程法和逻辑框架法（见图 2-4）。

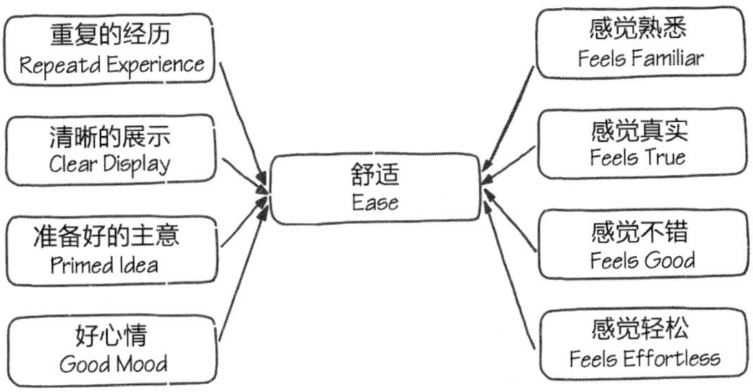


图 2-3 认知舒适感的源头分析

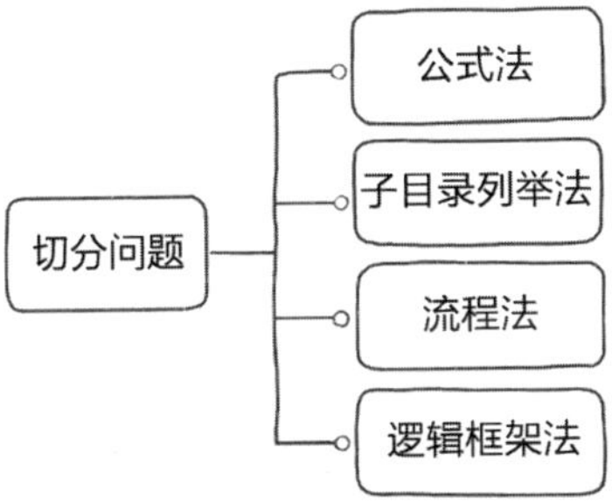


图 2-4 “切”问题的 4 种方法

用实例来演练一下如何利用这 4 种方法来“切”问题。

企业家每天都在苦思冥想“钱”的问题：“企业如何能赚更多的钱？”用 MBA 工商管理的术语体系来说就是“如何提高企业净利”。为便于讨论，这里假设公司属于相对传统的制造业。

在不了解制造行业大背景和企业具体情况时，大多数人面对提高净利的问题会感到被动和茫然，不知如何下手。不擅长结构化战略思维的人会因为专业知识的缺失而交白卷，“不熟悉、不了解”理所当然地成了进一步讨论或思考的绊脚石。崇尚真才实学而抵制“忽悠”的“本分人”似乎应该如实回答“这个行业我不懂”，讨论还没开始就戛然而止。

如前所述，回答这个问题有可复制的“简单按钮”。掌握结构化战略思维的思辨者不会以“不懂”为拒绝思考的借口，他们总是试图分解问题，运用放之四海而皆准的方法逐渐深化“切”好问题，想方设法让讨论继续。看看如何用“切”问题的 4 种方法自上而下地将问题逐层进行战略问题的拆解，并展开有结构、有意义的深入讨论。

### 2.4.1 公式法和子目录列举法

先看看公式法的应用。

任何净利的问题，都能以“开源节流”为讨论的起点。倾听企业主“如何提高企业净利”的问题后，完全可以套用公式法背诵出经典金句：“解决净利问题，无非是从两个层面入手，一是开源，二是节流！”

“开源节流”是解决净利问题的公理，因为它源于经典工商管理领域利润的计算公式：

利润 = 收入 − 成本

在这个公式里，要提升等号左边的利润项无非有两种方法：要么在成本不变的情况下提升收入（开源），要么在收入不变的情况下降低成本（节流）[1]。

公式法完全符合 MECE 原则。在开源节流的案例里，“收入”和“成本”是利润构成的“相互独立不重叠”的两个要素，两者的减法构成了利润的定义，符合“全部”的要求。

如图 2-5 所示，提高净利的问题被分为两个符合 MECE 原则的支脉：增加

[1] 收入和成本非比例增减而致利润变化的原理跟开源节流相似，为减少沟通成本暂且不单独讨论。

销售收入和降低成本。这构成了第一层的问题分解。

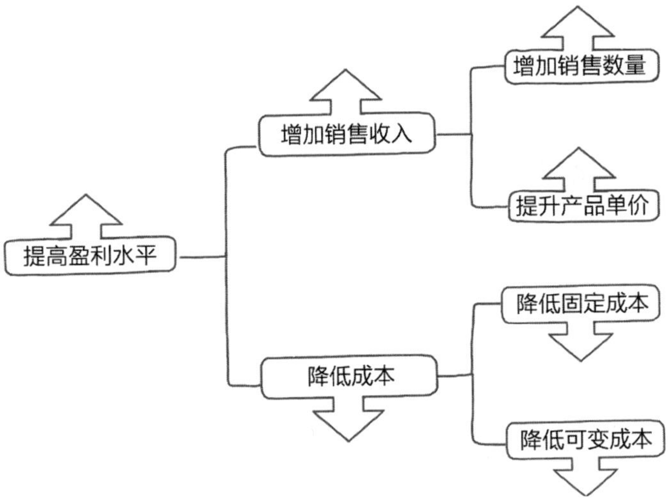


图 2 5　公式法切分示例

只“切”到第一层的“开源”和“节流”就停滞不前是远远不够的。这里的第一层是指在逻辑树的结构中距离问题最近的一次分解，这时，问题被细化成“开源”和“节流”两个节点。沿着每个节点再次对节点进行分解会构成切分的第二层。思辨者“切”问题的基本要求是至少“切”到第二层才及格，分解到第三层是比较常规的切分深度。

从第一层的两个分支点，我们开始进行第二层分解。先看“增加销售收入”这个支脉，销售收入的计算又可借用以下公式：

**销售收入 = 单价 × 销售数量**

从“开源”的角度，这个支脉可再次分为“增加销售数量”和“提升产品单价”。正如“开源节流”一样，销售数量和产品单价也是符合 MECE 原则的公式法规则。销售数量和产品单价“相互独立不重叠”，相乘就是“收入”的全部，也就是“收入”的定义。

相乘和相加很相似，在一方相对不变的情况下，另一方的增加会促进销售收入总量的增加。如图 2-5 所示，“开源”（增加收入）的问题支脉被进一步分为两个符合 MECE 原则的第二层细节，完成了第二层次的分解。

再沿着第二个支脉“增加销售数量”，借助经典的子目录列举法，用法已在“切”名词时讲解过，就可以 MECE 地穷尽列举子目录项。销售数量的提升有哪几个核心贡献因素？根据经典 4 P 营销理论[1]，销售数量的提升因素除了价格之外还有产品、渠道和推广三大因素。4P 营销理论也符合 MECE 原则，产品、价格、渠道和推广加起来是营销的穷尽组成部分，且相互独立不重叠。这样就套用了经典理论完成了“增加销售数量”支脉在第三层深度的分解（见图 2-6）。

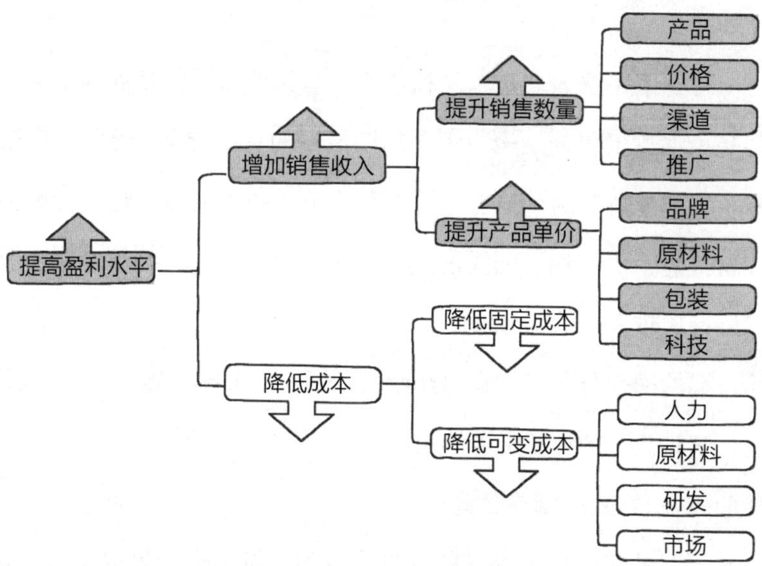


图 2–6 “切”增加销售收入支脉（公式法 + 子目录列举法）

[1] 经典 4P 营销理论包括产品（Product）、价格（Price）、渠道（Place）、推广（Promotion）。取其开头字母。

把问题分解到第三层时，完全可以利用该逻辑框架自信地跟企业主来互动访谈，以便收集公司目前运营状况的细节信息。这时，访谈者如果自身对营销基础常识有认知，对话就会具有强相关性甚至可以碰撞出商业洞见。

按照 4P 营销理论的逻辑，可以体系化地询问公司运作相关的细节问题。由于是基于高质量逻辑框架的输入，大多会赢得企业高管的信任，因此会得到高质量的一手信息，比如询问以下问题。

- 对比竞品，我们产品本身差异性如何？哪些是消费者感知到且愿意溢价购买的？
- 公司现在的渠道采用的是直营还是代理？如果是代理，有几级代理？销售状况如何？
- 公司现在的促销手段有哪些？跟竞争对手有何不同？
- 本行业在产品、渠道和促销等方面有何趋势？目前效果如何？

穷尽了“提升销售数量”这个支脉之后，再沿着“提升产品单价”这个支脉同样运用子目录列举法“切”到下一层的细节。

这里“提升产品单价”并不是指企业单方向的提价动作。不以价值为基础的单纯提价势必会遭到消费者的反感和抵制，不会增加收入。这里“提升产品单价”是指增加客户对产品的感知价值，也就是扩大消费者愿意为产品买单的价格区间。管理理论对感知价值也有相应的阐述：影响感知价值的因素包括品牌、原材料、包装和科技等。

此时，同样在第三层细节，沿着“提升产品单价”的思路可以跟对方企业高管再进行一轮关于产品单价的探讨。

- 公司主流产品的品牌力如何？跟竞争对手有何区别？是否容易提升？
- 产品的原材料是否有特色？跟竞争对手的相对位置如何？
- 产品包装跟竞品的区别大吗？消费者是否会为更好的包装买单？
- 产品的科技含量高吗？技术是不是本类产品的一个壁垒？趋势如何？

随着问题的逐步分解和分析的深入，越来越多的业务细节会浮出水面。当我们把“开源”的两个支脉的再下一层（第三层细节）都探讨后，可以离开“开源”这个支脉，开始深“挖”下一个支脉——“节流”了。

“节流”也就是降低成本，依旧可以借助子目录列举法 MECE 地列举所有可能性。按照管理理论，成本无非分为固定成本和可变成本，这是第二层的分解。固定成本是已经不可逆或不可收回的沉没成本，比如已经建成的厂房和生产线。在讨论成本节约时，往往更聚焦可变成本的优化提升空间。

按此逻辑，“节流”支脉的第三层聚焦在“切”可变成本。用子目录列举法可将可变成本切分为人力成本、原材料成本、研发成本、市场成本等（见图 2-7）。接下来，按照此结构继续进行切分。

- 公司主要生产成本集中在人工、原材料还是其他方面？
- 生产规模化和自动化会不会大幅度降低生产成本？
- 人工成本占整体成本的比例，有无改进空间？

分解“如何提高企业净利”的问题时，主要利用公式法和子目录列举法就勾勒了一个相对普适的逻辑拆分框架，把问题“切”（分解）到第三层细节或更深。有了这个体系化严谨的讨论结构框架，外加对方自身商业基础知识的积累，在与对方业务高管做深入探讨的时候，大概率会得到对方详细的信息输入，为后续分析问题提供良好基础。

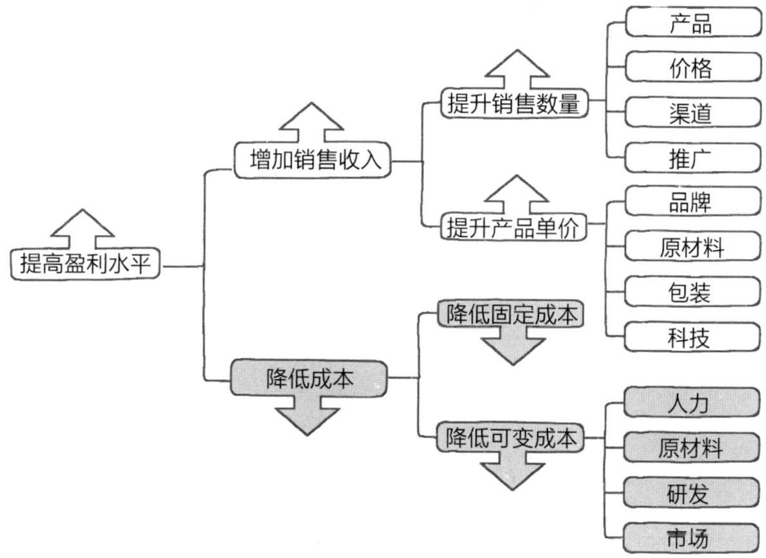

图 2-7 “切”降低成本支脉（子目录列举法）

### 2.4.2 流程法和逻辑框架法

流程法和逻辑框架法也是在实战中经常用到的“切”的方法。流程法，顾名思义就是把问题按照某种流程步骤串起来。逻辑框架法是按照逻辑叙述常见的粗线条判断框架，比如内部 vs 外部、主观 vs 客观、优点 vs 缺点等对问题进行初步切分。依旧用“如何提高企业净利”这个问题示范一下这两种方法的具体应用。

先看流程法。流程法往往应用在存在线性发展或生命周期的品类上。以“公司发展”为例，可以在“开源节流”切分之前，先了解公司发展状态，同时输出自己对企业管理周期的认识，加以对比。

在深入探讨“如何提高企业净利”问题之前，可以先做如下说明。

“提高净利的侧重点根据公司所处发展阶段不同而略有变化。比如初创企业通过单点的营销策划和渠道拓展往往可以快速提升收入，而成熟企业的解决方案则复杂得多，成熟企业更注重长期的产品差异和成本控制的系统化解法。”

再用流程法 MECE 地列出企业成长的 S 曲线的 4 个阶段，对号入座。

- 您公司现在处于什么阶段，是初创期、高速发展期、高峰瓶颈期，还是已经有下滑态势的夕阳或转型期？

分析得到明确回答之后（比如高峰瓶颈期的大企业），再回归到“提高企业净利”问题本身。这时可以以产品发展阶段为讨论主线，这也是一种广义的流程。制造业的产品基本都会经过研发、生产、市场和销售以及售后服务这 4 个流程阶段。“提高企业净利”的问题可以用这 4 个阶段来做第一步切分（见图 2-8）。可细致地探讨以下问题。

- 公司研发的投入占收入的比例是多少？相对竞品，投入比例和收效如何？
- 生产总体是什么状况，有无优化空间（机械化、自动化和规模化）？
- 目前销售状况如何？销售投入和成本控制做得怎么样？
- 售后服务投入有多少？复购率怎么样？相对竞品，有无优势？

这样，流程法就构成了第一层“切”的主线。按照前面三层深“挖”的要求，可以组合用其他“切”的方法进一步向下细分。在 4 个第一层划分（研发、生产、市场和销售以及售后服务）选项中，市场和销售更接近“开源”，而其他三项偏向“节流”。

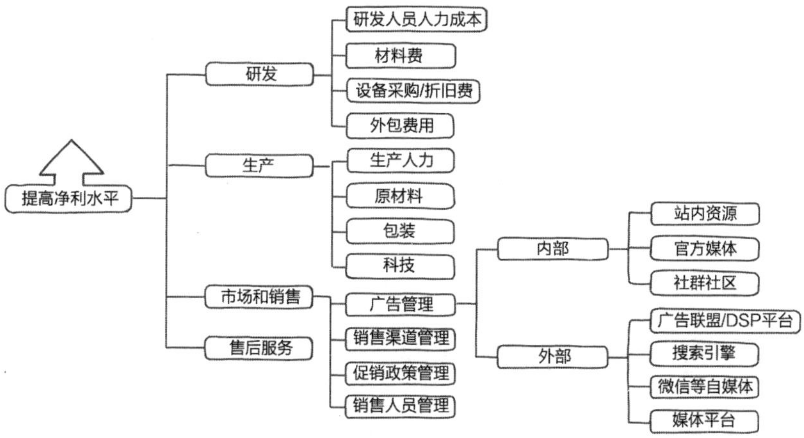


图 2-8　流程法切分示例

以“研发”为例，研发投入用子目录列举法可以分为研发人员人力成本、材料费、设备采购 / 折旧费以及外包费用。如果公司的研发投入偏高又没有相匹配的产出，就可以在研发的子目录里面探究“节流”的机会。

再以“市场和销售”为例来深“挖”一下。用子目录列举法可将“市场和销售”切分为广告管理、销售渠道管理、促销政策管理和销售人员管理等。“挖”到了第二层后，关键品类需要再向下细分。比如“切”广告管理，用逻辑法可将之分为内部和外部（第三层）。内部有站内资源、官方媒体、社群社区等。外部有不同广告渠道，如广告联盟 /DSP 平台、搜索引擎、微信等自媒体，以及媒体平台等（第四层）。

两种切分都会产生树状成果，这可被称为“逻辑树”。不难发现，到了第三层或第四层的细分类别时，使用流程法生成的逻辑树和使用公式法生成的逻辑树包含的内容是不同的，但信息又十分互补。也就是说，用不同维度“切”问题，会带来对问题本身连同潜在解法的更深刻、更全面的认识和理解。

结构化“切”的高要求是遵循“3–3 原则”，即面对任何问题，都能用维度准确“切”分，然后再纵向深入“挖”到至少第三层的细节。完成一次完整分解之后，能跳出已有的逻辑框架从全新的维度再做两次或以上类似的“切”和“挖”的练习，总共建造 3 个或以上不同的逻辑树，每个逻辑树都有至少三层细节。

## 2.5 从单一维度到多维度的飞跃

*世界上的人分为两种：一种是“思辨者”，而另一种就是“吃瓜群众”。*

*——周国元*

前文用较长的篇幅介绍了“结构化战略思维”的基本功，也就是维度“切”的技巧及其 MECE 原则。练好基本功后，就要开启从单一维度到多维度的飞跃，把思考的深度和广度提升到一个全新的层级。

到目前为止，在讨论案例的过程中，其实每次分析只涉及单一维度。比如分析“如何提高企业净利”问题时，用公式法切出“开源”“节流”，用流程法切出“研发”“生产”“市场和销售”“售后服务”，或用子目录列举法切出公司各业务板块。每一种切法再逐层深入“挖”到第三层或更深的细节。

这种多次用单一维度“切”的能力是对结构化战略思维初学者的基础要求，也是入门的基本功。但在实际解决问题的过程中，思辨者需要进行真正意义上的多维度切分，同时运用两个或两个以上的维度思考和分析问题。

下面讨论如何从单一维度到多维度进行飞跃，让逻辑思维真正立体起来（见图 2-9）。

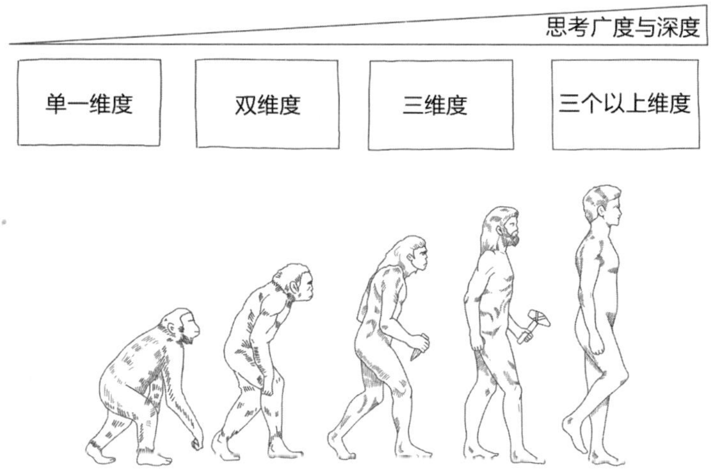


图 2-9　从单一维度到多维度的发展

大多数时间，我们都陶醉在单一维度的思考模式中。随便调出几份常见的工作报告，留意一下报告中的图表类型，往往大抵如此：图表除了线图就是饼图、柱状图，能画出流程图已经堪称惊艳，更不用说那些连图表都没有，满篇都是直接粘贴过来的 Excel 原始数据表格的业务报告。

所有这些简单的线图、饼图、柱状图和流程图都是单一维度思考的图谱呈现。它们虽然有一定的视觉展示效果，比如凸显趋势和比例等，但是从逻辑思考的深度来说，这类图表是相对初级的。要显示思辨者思考的广度和深度，必须具备从单一维度到多维度思考和沟通的飞跃，学会制作多维图谱。

那么，什么是多维度思考？多维图谱又是什么样子？

以工作中常见的场景为例，新季度即将开始，直线领导要求你对部门下季度的所有项目进行 30 分钟的汇总汇报。由于项目类型比较杂而且数目较多（20 多个），领导要求汇报聚焦重点项目，但对于那些将要弱化或将不予继续支持的项目也要给出处理的判断并附上简短理由。

主流的做法是把所有的项目按照一定结构用 Excel 表格记录，包括名称、类型、起始日期、投入、潜在收入、重要级别、RACI[1] 等内容。一般还会有密密麻麻的项目备注。

汇报形式也有套路。会议开始，寒暄几句之后，打开投影仪一行行地过 Excel 细节。这种开场就关灯过 Excel 的会议多数都非常低效：会议时长从 30 分钟变成几个小时，单次会议也变成系列会议。大家沉溺于项目细节不能自拔，似乎所有项目都要做，而没有一个项目能做到极致。由于缺乏判断项目重要性和优先级的标准，会议显得混乱而没有章法，而且大多数讨论最终沦为“有理就在声高”的气场和声量的对决。

结构化战略思维的方法要求大家先对项目的优先级做出判断并达成一致，可以从根本上改变这种无序的状况。后文要详细介绍的麦肯锡五步法也强调在谈论项目细节（“怎么做”）之前，团队必须想清楚“为什么做”的问题。首先要判断项目优先级，因为不是每个项目都需要同样的重视程度：有些是最重要的核心业务，有些是为未来布局的可能赔钱的业务，有些可能是历史遗留问题，早就应该被砍掉；还有一些是模棱两可的鸡肋项目，要仔细考量。

究竟如何判断项目优先级？这时就用到多维度“切”的功夫！这是个典型的“切”名词的练习。“切”项目的维度有很多：项目规模（收入 / 投入）、项

[1] 谁负责（R = Responsible），谁批准（A = Accountable），咨询谁（C = Consulted），通知谁（I = Informed）。

目业务类型、项目战略重要性、项目执行难度、项目周期、项目负责部门、项目频率和有无外部参与等。在众多维度里，需要找到两个跟项目优先级最相关的维度或属性，而其组合可以定义项目优先级。

直接看项目优先级分析图谱的一种二维度画法。如图 2-10 所示，该项目优先级关键图谱由两个坐标轴切分组成（几乎所有关键图谱都是从两个坐标轴开始）：X 轴代表“战略重要性”，越向右数值越大，表明战略性越强；Y 轴代表“执行难度”，越向上数值越大，表明执行难度越高。在每个轴的中部画一条逻辑上的分隔线，这样就出现了四个小区域，又称为象限。每个象限都是两个核心维度不同值域的组合，用来归纳项目特色。为了便于记忆和在讨论中引述，可以根据维度特性给每个象限起个生动而接地气的名字。比如，战略性高而执行难度低的项目，应该是公司最应该做且必须做好的项目，可以称为“主战场”或“必赢之战”。

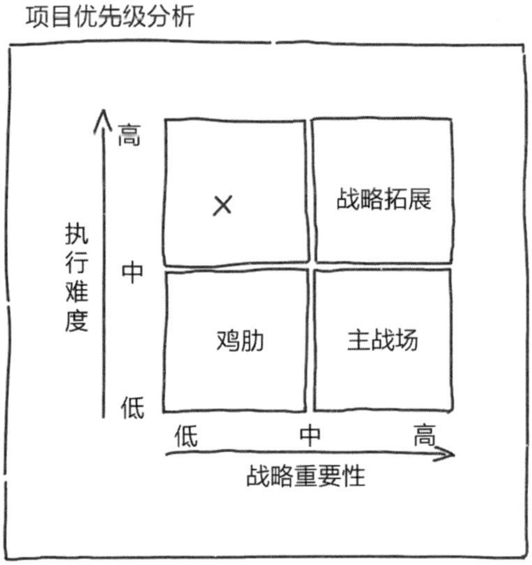


图 2-10　多维图谱：项目优先级分析（基础版）

以上项目优先级的战略图谱可以分为四个象限。

**主战场**：战略重要性高而执行难度低。这些项目往往与公司现有战略的核心一致，而且公司多年累积的各种竞争优势，比如研发、生产和销售等，都可以直接应用，是公司的核心业务。执行难度较低是相对本公司其他项目而言的，竞品公司很可能有不同的判断。如果项目落在这个象限，意味着项目是公司立足之本，要保证资源确保项目成功完成。

**战略拓展**：战略重要性高且执行难度高。这些项目常常代表公司未来发展方向，要进行战略布局。项目很可能跟公司本身的核心能力有偏差而导致执行难度偏高。比如一家一直对消费者（to C）服务的公司，在转战云服务等对公（to B）服务的时候，内部要相应做很多调整。如果项目落在这个象限，意味着公司管理层要做个判断，是否要破釜沉舟布局甚至允许初期的亏损。要衡量拓展项目与主战场的关系，尤其是在资源有限的情况下，平衡长期战略和短期获利。

**鸡肋**：战略重要性低且执行难度低。这些项目跟公司战略布局完全不一致，但由于执行难度低，如果利润空间还比较大，是值得重点讨论的。比如，大型家电制造业的企业有机会做房地产开发项目。鸡肋项目构成比较复杂，“食之无味，弃之可惜”，需要讨论和权衡。对于大型成熟企业来说，为一次性的非主营业务短期利润而投入相当大的资源，很有可能会分散精力甚至影响主营业务的发展。

**必须砍掉的项目（X）**：战略重要性低而执行难度高。这些项目被砍的原因毋庸置疑。但工作中经常会碰到类似“吃力不讨好”的项目，苟延残喘的原因也多种多样，有时是历史遗留的问题项目，项目前景堪忧但往往由于前期投入大而难以割舍；有时是公司战略方向变化导致项目适用性降低；有时甚至是需求端已经改变导致项目的意义不复存在。总之，如果项目落在这个象限，原则上，没开始的项目坚决不能开始，已经开始的项目要认真考虑如何止损。

这样分析过后，多维图谱分析的优势十分明显。两个维度叠加充分显示出思考的深度和专业性已远超那些只会单维度思考的小伙伴。貌似简单的一个图谱，利用“战略重要性”和“执行难度”两个维度把所有项目“切”成四个基础类型，并且为每个类型推导出相对容易理解的可实施的策略。一个项目一旦确认被放在某一象限，统一语境后相对应的战略方向和原则便一目了然，因而节约了大量的沟通成本。

其实，这个多维图谱还可以进一步提升和精进。我们发现，在讨论项目的时候，另外一个核心的决策因素是潜在净利的多少，然而这个因素并没有被包含在图 2-10 的二维图谱里。净利的多少直接影响对项目的优先级评估。比如，对于现金流压力大的中小企业来说，如果项目可预见的净利可观，就算是跟战略方向相反的“鸡肋”项目也还是会优先考虑实施，在“现金流为王道”的资本寒冬大环境下尤其如此。

如何把潜在净利加入到图谱？我们可以尝试用图形展示这个数值。如图 2-11 所示，在项目优先级图谱的增强版中，用大小不同的圆形来代表项目潜在净利的多少，而圆心位置则体现项目在战略重要性和执行难度方面的相应的估值。用这一方法，我们可以把 ABCD 四个项目在多维图谱中进行信息和视觉上的增强。

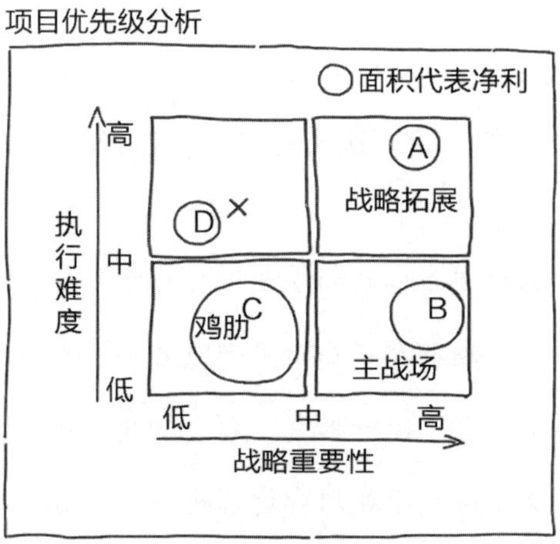


图 2-11　多维图谱：项目优先级分析（三维版）

在战略图谱三维版的引导下，团队可进行更深入的项目优先级的讨论。战略拓展项目 A 和主战场项目 B 基本不用太多争论，是必须做的。项目 D 如果没开始就要直接砍掉了，因为战略重要性低又难做且净利少，没有理由浪费时间和资源。讨论的焦点自然会放在项目 C 上，因为此项目虽然与战略方向不一致但潜在净利巨大，团队应该仔细梳理项目细节，并根据公司实际情况和所处阶段进行深入讨论后做出决策。

不难发现，如此进行的讨论一改之前“有理就在声高”的混乱局面，具有结构清晰、语境统一、数字说话等优势，会显著提升会议效率。

多维图谱分析作为结构化思维框架的一种视觉展现，其应用的场景极为广泛。也可以尝试用它来分析生活中常见的问题。下面举个生活中常见的趣味性较强的例子，看看多维度深度思考在解决常见问题时如何带来不一样的视角。我们用多维图谱来分析下“如何择偶”这个亘古不变的八卦谈资。

择偶标准真可谓“仁者见仁，智者见智”。对于一个适龄的窈窕淑女来说，择偶时男性到底应该满足什么标准？面对众多追求者，在时间和精力有限的情况下要用什么样的标准做初步筛选？哪些重点培养，哪些散养，又有哪些需要敬而远之？

作为拥有结构化战略思维的思辨者，要拒绝快速思考的冲动，不能直接聊那些有血有肉的八卦或亲身经历，而是先要强迫自己从全局高度多维度地分解这个择偶问题。正如已经重复多次的问题分解流程一样，多维度分析总是起始于众多可选维度。那么就以女性择偶角度，来“切”一下男性这个群体。

“切”男性的维度数不胜数，包括才艺、财富、工作、地域、年龄、职业等。我们可以挑两个特色维度作为 X 和 Y 坐标轴，做一个幽默版的择偶指南：X 轴是财富，而 Y 轴是为女方花钱的意愿。❶

所有适龄且性取向端正的男性，按照财富指数和为女方花钱意愿的强弱分成四个象限（见图 2-12）。有钱且愿意给女方花的，是理想的“钻石王老五”；

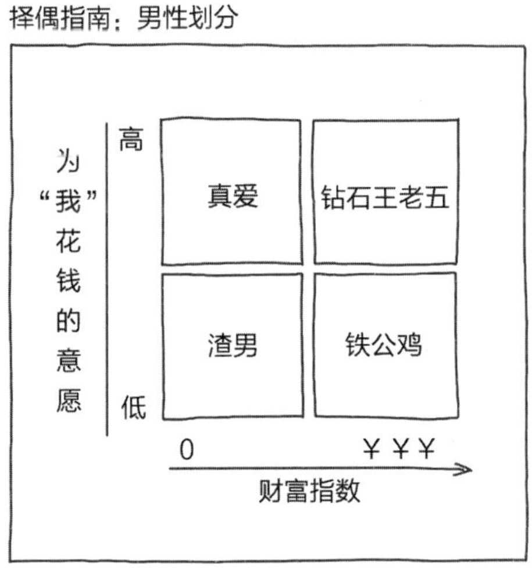


图 2–12　多维图谱：女性择偶指南

❶ 此处仅为举例以详细说明操作方法，并不代表作者认同这一观点。

有钱但特别吝啬的，有再多的钱跟女生也没有关系，是典型的“铁公鸡”；没钱但有胆量借钱给女方花的，在爱情和勇气上都加分，可称之为“真爱”；没钱又吝啬的，是不折不扣的网络用语形容的某类“渣男”，要趁早远离。

还有几个维度可以组合，比如颜值、性格和学历等，不同的排列组合会给择友标准带来意想不到的幽默效果和启示。大家可以作为练习试着画一下，也可以更加精进，再加上可量化的第三维度（可参考“项目优先级分析图谱”里的净利）。

虽然是个搞笑版的案例，但这个多维图谱确实有助于生成通俗易懂且相对稳定的分类和对待每种分类的战略或对策。每个男性候选人被放在第几象限，应该怎么被对待就一目了然，节约了大量的决策时间和交友成本。

还有管理者把员工按照“聪明/愚蠢”和“勤快/懒惰”两个维度分成四类，告诫大家愚蠢而懒惰并不可怕，最危险的是愚蠢而勤快的下属。这也是令人深思的另类管理洞见。

#### 维度与数据科学

在数据科学日渐成熟的今天，有许多 IT 工具可以用算法帮助我们找到相关的维度。在经费允许的情况下，团队应该尽量多收集各种维度的信息，用于数据后期的深度分析和挖掘。简单地说，在数据收集之前，要精准定义多种状态维度，然后系统化准确收集维度参数，这就是所谓的数据打点和收集。多维度数据收集完成之后，可以利用先进的数据挖掘工具，比如 R[1]、SPSS[2]、

---

[1] R 软件作为免费开放源代码的统计软件，主要用于统计分析、绘图、数据挖掘。

[2] SPSS 为 IBM 公司推出的一系列用于统计学分析运算、数据挖掘、预测分析和决策支持任务的软件产品及相关服务的总称。

SAS[1] 和有机器学习的 Weka[2] 等，做数据回归等分析帮我们寻找相关的维度。对数据分析和挖掘有兴趣的读者，可参阅统计学和数据分析的入门读物[3]。

## 2.6 小结

本章从“问题观”开始，介绍了专家思维和战略思维两种不同的对待问题的态度。用大量篇幅介绍了“切”，也就是结构化拆分的定义、原则和实战用法。“切”和它的 MECE 原则是结构化战略思维的基本功，必须有意识地反复练习。“切”名词相对简单，而“切”问题的四种主要方法需要适应才能融会贯通。公式法、子目录列举法、流程法和逻辑框架法这四种方法在应用上各有千秋，实际运用中没有唯一正确的切法，这些方法可以叠加使用。本章“如何提高企业净利”的练习就运用了这四种切分方法。“切”如果做得到位，在解决问题时，就能发现更多新的细节信息和商业洞见。

多维图谱是思辨者结构化战略思维升级的必备武器。多维图谱如果切分适当，可以比饼图、柱状图、流程图等单维度的图谱更能展现出作者思维的深度和广度；可以帮助我们简化问题、提升沟通效率，协助我们碰撞出新的商业洞见。多维图谱也是后文要讲述的关键图表的主要呈现形式。

从单一维度到多维度思考并制作多维图谱需要将理性思维和创造力结合，这是没有固定成长公式的“艺术”。多维图谱的起点一般是罗列“切”的维度。

---

[1] SAS（全称 Statistical Analysis System）是全球最大的私营软件公司之一，是由美国北卡罗来纳州立大学 1966 年开发的统计分析软件。

[2] Weka（Waikato Environment for Knowledge Analysis）是一款免费的、非商业化的、基于 JAVA 环境开源的机器学习以及数据挖掘软件。

[3] 例如，Edward Mize. *Data Analytics*：*The Ultimate Beginner's Guide to Data Analytics*。

不论是选“项目”还是选“男朋友”，第一步都是列出核心的维度，然后找出3~5个关键维度再进一步审视。

初学者前期大多不适应这种思维方法，可尝试把核心维度的组合都列举出来并考察一下，做成类似的四象限图，逐个探寻其可能带来的洞见。例如，在有三个核心维度A、B和C的情况下，不妨逐一看看AB、AC和BC的组合。

第 3 章

# 结构化战略思维四大原则

结构化战略思维四大原则（见图 3-1）是思辨者在日常思考、交流和行为中所贯彻的指导性原则，是结构化战略思维的基石。它贯穿下篇讲述的新麦肯锡五步法的全过程，但其应用范围远远超越战略项目。结构化战略思维四大原则便于将结构化战略思维模块化，更容易贯彻并融入日常生活与工作。

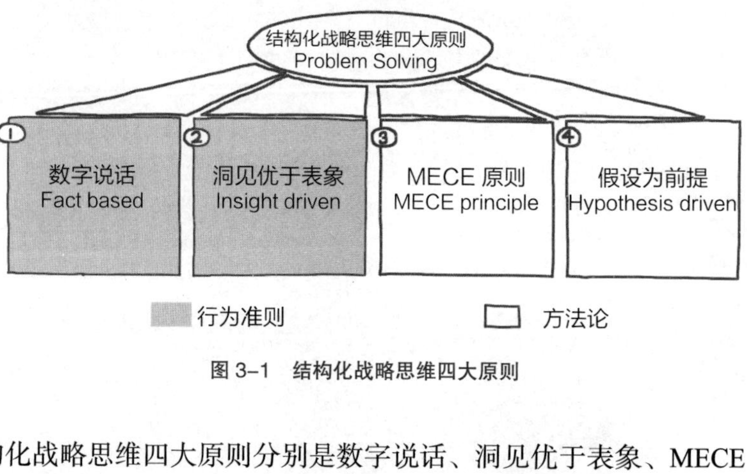


**图 3–1　结构化战略思维四大原则**

结构化战略思维四大原则分别是数字说话、洞见优于表象、MECE 原则和假设为前提，其中数字说话和洞见优于表象是偏重数字分析和高效交流的科学方法和行为准则，而 MECE 原则和假设为前提更多是指导思路的方法论。

## 3.1 原则1：数字说话

不是所有有价值的事物都可以被计算，也不是所有可计算的事物都值得去计算。

——爱因斯坦

结构化战略思维是以数字为依据的、用严谨逻辑来推演的思维方式。可见数字说话在结构化战略思维中的重要性。

数字至关重要。现代社会所有真相大部分最终会汇总成数据，并以数据形式呈现和存储。然而，数据本身并不能表达任何含义，只有数据与逻辑结合在一起时，我们才能发现和表达真知灼见。也只有这样，数字才算是真正在“说话”。因此，数字说话作为结构化战略思维的实践核心原则，涵盖了数字及相关的逻辑。

### 3.1.1 数字的概念和功用

“数字”包含“数码化”和“数据化”两重进程。数据化（Datafication）是剑桥大学教授舍恩伯格提出的，这一概念有别于简单的数码化（Digitalization）。数码化往往是数据化的前提，比如把一本书扫描成图像存储在计算机里并供人阅读，这是数码化，但这一步并没有完成图书数据化过程。数据化是把一种现象转化成更高级的数字形式，以一种能被搜索、统计和分析的形式呈现。

谷歌公司于2004年宣布了一项充满野心的计划，把世界亿级的留存书籍转化成可搜索可分析的数据化形式。谷歌在书籍数码化的基础上，用OCR等技术识别每个单词，便于以后的数据分析和信息挖掘。这就是图书的数据化。

数据化加上数据分析已经带来人类认知的飞跃。在谷歌可搜索分析数据化书籍的基础上，专门研究数据化书籍内涵的新学科“文化经济学”( Culturomics ) 诞生了。人们在分析数据的过程中发现了一些缺少数据化时根本无法注意到的规律。比如哈佛大学的研究者发现，只有 50% 以下的英文书中的英文单词被正规字典收录，这“文本黑物质（Lexical Dark Matter）”引发各文化学者关注❶。

数据分析不只推动我们对世界的理解，也使我们目睹万物数据化商业价值的爆棚。欧洲商协（European Commission）曾预测，到 2020 年，仅欧洲的个人信息数据就值 1 万亿欧元，占欧盟 GDP 的 8% 左右。新型数据化公司也获得红利，2006 年世界最大的公司前几名还是埃克森美孚（Exxon Mobil）等石油能源类公司，而 2019 年世界最大的公司前 4 名变成亚马逊、微软之类的数据驱动的公司。

数据的价值同时也带来了风险。比如，美国个人信用评估公司 Equifax 存有近 8 亿条消费者评估信息和近 1 亿条公司的评估信息。2017 年，该公司数据被盗造成近 1.5 亿条客户信息外泄，为此，该公司面临赔偿额最高达到 700 亿美元的集体诉讼。

数据化的普及要求我们具备一定的数据能力，如基础统计和数据分析能力，也要求对数据的特色、应用和局限都有更深入的了解。

下面仔细看看数字的特色和常见的陷阱。

---

❶ 维克托 • 迈尔 – 舍恩伯格 . 大数据时代：生活、工作与思维的大变革 [M]. 周涛，译 . 浙江：浙江人民出版社，2012.

### 3.1.2 数字都是骗人的

“数字都是骗人的”的完整表述应该是“要假设没有经过验证的数字都是骗人的”。话之所以极端，是为了能更多地引起大家的注意。数字是客观的，但数字的产生、筛选和解读都可以人为干预甚至被污染。当数字说话的时候，作为听众的我们必须有一双明辨真伪的耳朵，做出自己的独立判断。

形形色色的广告里充斥着大量的数字。看似客观的数字背后总有一组人在努力地想利用这些数字诱使我们做出有利于他们的行为，尤其是购买行为。数字欺骗盛行，在骗术上也分等级层次。直接用假数字是最低级的，处于骗术鄙视链的最底部。比如，上市公司明目张胆地伪造财务数据，造假是要负法律责任的，媒体屡次报道某公司高管因数据造假而锒铛入狱的案例。

除了数字造假，还有许多更“高明”的“合理合法”的数字误导手段。“以偏概全”就是一种常见的误导手段。比如零售店铺门口吸引顾客进店的“50%折扣”的大牌了，一旁用极小字注明“部分商品”，顾客进去才发现只有几件商品半价，而大部分商品价格并没有降低。还有一种误导手段是选择性提供数字，也就是只选择对自己有利的数据点，误导人们推出与客观事实完全相反的结论。比如在波动曲线中，如果有意只选择有利的数据点，就可以造出能符合任意斜率的上升趋势图谱（见图 3-2）。偷换概念也是一种很常用的误导手段。比如某教育机构广告词是“全国用户超过 4 亿”，而“用户”的概念包括“注册用户”“试听用户”“付费用户”和“活跃付费用户”等。广告里的“用户”可能泛指的是历史上累计的所有注册用户，这个数字自然远远高于大多数听众理解的“活跃付费用户”的数字。

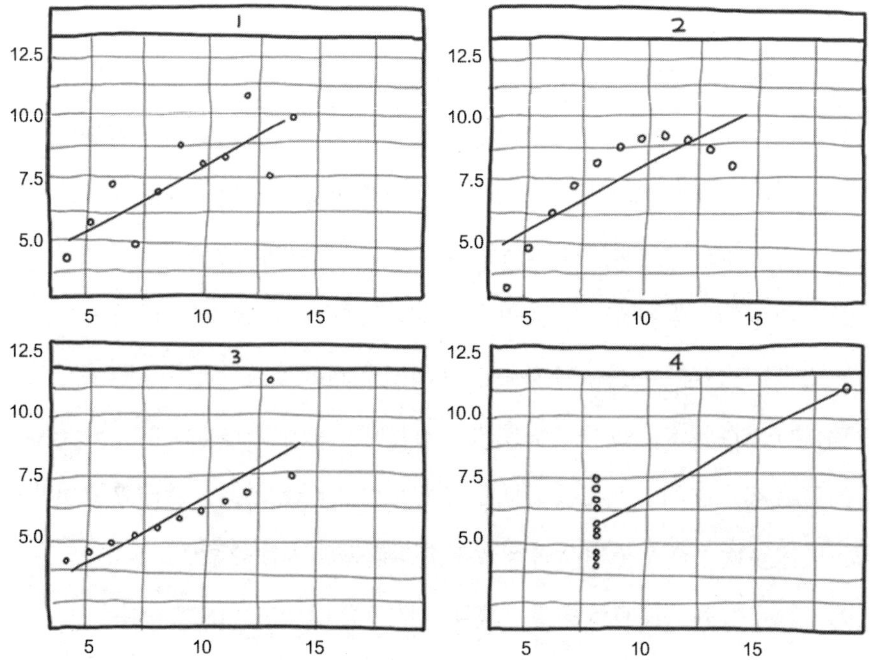


图 3-2　数字欺骗：选择性选取数字

因此，面对任何数字，我们首先要假设数字是不准确的。“先小人后君子”，主动验证是思辨者的责任。只有经得起调研和拷问的数字才可信。举个商业计划书中用数字误导他人的例子。

作为投资方，我曾参加过很多投资路演，也见过各种各样的商业计划书。某路演企业的材料上有如下描述。

**“本公司营业收入连续三年增长 20% 以上，是健康且稳步增长的高科技企业。”**

这句话前半句是事实依据，后半句是结论。我们暂且假设路演材料里数据是真实的。即使如此，这个推理至少有十几个潜在的误导或“坑”等着我们。数字的事实依据不一定能推导出“健康且稳步增长”的结论。

（1）**收入 vs 利润**：收入增长 20%，实际利润如何？企业在路演材料中没有直接写出利润数据很可能是因为真实的数字很差。

（2）**赛道增速**：收入增长 20% 看起来似乎不错，但在一些高速发展的赛道，比如十几年前的房地产行业，20% 的收入增长很可能还达不到行业平均水平。

（3）**基数**：对于初创公司而言，其起始收入通常较少，百分比增长带有强烈的误导性。因此更应该看看公司收入的绝对数值。

（4）**主营业务收入 vs 非主营业务收入**：比如企业性质是互联网企业，但其收入增长是因为房租收入占比过大而带来主要增长，那么该公司的估值就要重新核算。

（5）**现金流**：收入增长快但应收账款的账期长或只依靠单一采购方，现金流压力很可能很大，企业甚至可能因此面临倒闭的风险。

（6）**外债状况**：公司如果外债激增，即使收入提升，也会面临资不抵债的风险。

（7）**营业收入的细分**：新产品和老产品的迭代，有没有在未来突破的可能。

（8）**市场促销活动**：降价促销很可能提升收入，但侵蚀净利，要仔细验证企业有无大规模市场促销活动。

（9）**新科技 / 替代品**：主营产品是不是正在经历科技或产品升级，可替代性强不强。企业收入连续三年增长，第四年可能因为替代品出现而转亏。

（10）**政府政策**：政府有没有新规要出台，规范或限制这个产业。

（11）**潜在进入者**：如 BAT[1] 类巨头会不会进入这个市场，引发更激烈的

[1] BAT，B 指百度、A 指阿里巴巴、T 指腾讯，是中国三大互联网公司百度公司（Baidu）、阿里巴巴集团（Alibaba）、腾讯公司（Tencent）首字母的缩写。

竞争。

分析至此，原本听起来非常正面的一句惯用陈述实际上却千疮百孔，含有多个需要更深入调研验证的不确定因素，离“健康且稳步增长”的结论相去甚远！

面对用于决策的关键数字时，要有能力在有限的时间内依靠常识快速简易地证真或证伪，我把这种能力称为“常识推理能力”。这一数字核实的过程用英语描述为Back-of-the-envelop-calculation，直译“信封背面的计算”，也就是粗略的估计。

麦肯锡的面试一直被誉为“世界最富有挑战性的面试”，其面试题目也十分重视对常识推理能力的评估。面试中经常出现类似脑筋急转弯的问题：如何推算波音 737 飞机里面能装多少个高尔夫球？如何计算波音 737 飞机的重量？如何测算新苹果手机本月的销量？应试者要在草稿纸上用严谨的逻辑推算出一个合理的数字范围。这类问题考察的不是计算能力，因为题目并没有精确的答案，面试官要考察的主要是应试者推理逻辑是否清晰，是否具备解题时的盒外思考能力。

综上，数字并不像我们通常理解的那样完全客观，而是极具欺骗性的。思辨者要随时保持警惕，养成怀疑所有数字的习惯，并培养自己拥有常识推理、独立判断数字真伪的能力。

### 3.1.3 关注少数特例

数字说话原则要求我们不仅对数据中的结构规律有认知，更要对那些不经常发生的少数特例有足够的关注和刨根问底的精神。

众所周知，许多伟大发明和重大发现都是对超级少数派的追问而引发的。

比如美国辉瑞制药生产的蓝色小药丸“伟哥”（Viagra），全球每年可有几十亿美元销售额，造福 4 000 多万男性，而它最初是一种心血管药物，对男性性功能障碍的疗效只是偶然被发现的。还有 X 光的发现、微波炉的发明等，都是源于那些对数据敏感的人，他们遇到少数特例时没有想当然地接受，而是通过执着研究做出了伟大贡献。

再举个关于少数特例的案例。

Y 公司在一次培训结束后收集学生对老师的课后评估，评估打分有 1~5 分五个级别，5 分是满分，表示“最满意”。参加培训的 20 人中有 19 人给了 5 分，而有 1 个同学给了 1 分（愤怒）的极端负面评分。面对这样的统计，我们通常的做法很可能是“去掉一个最高分，去掉一个最低分”，然后取个皆大欢喜的中间值交差了事。然而，相对于 19 个满意的分数，那个 1 分反而能给我们更多的信息和启示。

我们可以 MECE 地分析这一问题的可能性。这个 1 分可能是主观上有意打的，也可能是非主观误操作（运用逻辑法切分）。如果是误操作，学员错误地认为 1 代表满分，体现了流程和问卷设计有改进机会。改进办法众多，例如用“笑脸”和“囧脸”图标来代替 1~5 的数字范围，减少对评分理解的偏差。如果是主观上有意为之，那这个同学是真的很愤怒，通过简单访谈就能了解其中原因。后续回访带来了意外的发现：此同学是唯一的少数族裔，而讲师在课上却用了很多关于这个少数族裔的笑话。其他人并不敏感，而这个少数族裔却觉得深受其辱。种族歧视在一些国家可以让公司面临百万美元的罚款，因此少数特例的作用不容小觑。

从另一个角度看，成绩卓越的人也是普通大众中的一种少数特例。美国著名作家马尔科姆·格拉德威尔（Malcolm Gladwell）在2008年出版了《异类：不一样的成功启示录》一书，指出许多像披头士乐队、比尔·盖茨、乔丹等成绩卓越的人，大都遵循1万小时定律[1]。这有点像中国传统文化里“只要功夫深，铁杵磨成针”的说法，任何技能都要持续练习1万小时以上才可成为那“人上人”。关注先进的少数派，汲取真知，坚持不懈努力，我们也一定会成为某种特定意义上的“特例”。

### 3.1.4 遭遇黑天鹅

数字说话原则建立在“过去的数据可以在一定程度上预测未来”的基础上。在结构化战略思维中，数据起到了主导作用，但作为思辨者要同时意识到，在一些特殊场景下，数字可能失灵。也就是说，过去的数据无法预测未来。历史数字失效！

“黑天鹅事件（Black Swan Incidents）”是指不可预测的未知。在发现澳大利亚的黑天鹅之前（见图3-3），17世纪之前的欧洲人认为天鹅都是白色的。因此，人们定义“天鹅”时用了“羽毛是白色的”这一判断条件。但随着第一只黑天鹅的出现，人们以往对天鹅的定义遭到挑战。必须修改天鹅的定义才能对出现的这只黑鸟做出正确的分类判断。黑天鹅被发现纯属意外偶发事件，当初确定天鹅的定义时根本无法预测这件事情的发生。

因此，在应用数字说话原则时，话不要说得太满，也不要说得太绝对。虽然少见，但世界上存在“不可知的未知”。遭遇了“黑天鹅”，数字说话原则即宣告失效。

---

[1] 1万小时定律：要成为某个领域的专家，需要1万小时。如果每天工作8个小时，一周工作5天，那么成为一个领域的专家至少需要5年。

图 3-3 澳大利亚的黑天鹅

## 3.2 原则 2：洞见优于表象

我们的目标是把数据变成信息，再把信息变成洞见。

——卡莉·费奥瑞纳，惠普前总裁

### 3.2.1 洞见与表象

“表象”是每天都能见到的看起来纷繁无序的事件和各种信息。“洞见”是能连接所有相关表象的筋络，是表象背后的根本原因。原则 2 即洞见的价值远高于表象。作为管理者，我们的职责是在纷杂的表象中寻求并提炼洞见；而且交流时，应先说洞见，然后再叙述表象。

举个生活中的例子（见图 3-4）。小白最近不在状态：她失眠了，脸上起了 5 个痘痘，把钥匙弄丢了，甚至去错了厕所。这些貌似杂乱的现象都是表象，是对小白状态的描述。那什么是洞见？洞见是小白不在状态的真正原因。这里的洞见或许是“小白工作压力太大”，这可以解释前面提过的所有表象。

单独审视每一种表象，导致这种表象出现的原因可能千差万别。比如失眠可能是因为睡前喝了咖啡，起了痘痘可能是上火了，钥匙丢了可能是粗心大意的结果……然而，“工作压力大”可以是贯穿并导致所有表象产生的根本原因。找到了这个根本原因，也就是洞见，所有相关表象的产生便能得到完美的解释，离找到解决方案就很接近了。如果我们分别解决单一的表象问题，就会既浪费资源又治标不治本。

图 3-4　表象和洞见的区别

洞见的另一个特色是行为导向。一旦找到了洞见，解决方案基本就近在眼前了。比如上述例子，如果洞见是工作压力大，那就可以采用休假等方式缓解压力。

在海量的数据中萃取洞见的能力是数字决策的核心，初学者可以通过五个简单步骤来练习寻找洞见：（1）寻找数字中的规律和趋势（Pattern）；（2）寻找极端的数字及其含义；（3）对比参照数据并分析差异；（4）寻求其他相关信息；（5）推演并提炼洞见。

以虚拟公司的简化报表来演示一下如何提取洞见。A公司是一家有20年历史的小型饮料企业。旗下的碳酸饮料，尤其T1品牌在省级区域内具有一定知名度，销售情况稳步上升。公司2018年年中新增S1和S2两款新鲜果蔬汁饮品，意图进入中高端市场，但新品在市场中表现并未达到预期。3个月前新CEO入职，并着手对业务进行调整。

面对混乱无序的原始数字素材，不要慌乱，首先试图寻找数字中的规律和趋势。如表3-1所示的产品细节部分，不难发现A公司有碳酸饮料和果蔬汁饮料2个品类，各类只有1品牌，各自有3款单品。在包装上分为大中小三类。聚焦细分市场就会发现，A公司的碳酸饮料基本是中低端定位，而去年新增的果蔬汁类则主要是中高端。然而，新品在财务和运营层面表现都很差，反倒是传统的碳酸饮料明星产品T1-0001S作为旗舰单品为公司贡献了大部分利润。新品果蔬汁类全线亏损是利润下降的核心原因，而且其工厂库存压力也很大，占库存总量的一半以上。

发现了两种饮品的核心差异之后，再验证原始信息中有没有极端的数据点。极端的数据点包括最大值、最小值和数字0。比如，在工厂销售价一行，碳酸饮料T1-0001S价格最便宜，比同样包装的果蔬汁S2-0002S价格低一半以上，这与产品的低端定位相匹配。零数值主要出现在生产和库存栏。在本阶段生产

表 3-1　A 公司简化报表

A 公司季度 2019 Q1

| 产品类别 | | 碳酸饮料 | | | 果蔬汁饮料 | | |
|---|---|---|---|---|---|---|---|
| 产品细节 | SKU 产品统一编号 | T1-0001S | T1-0001L | T2-0001S | S1-0001S | S2-0002S | S2-0003K |
| | 产品包装 | 300ml（小） | 1200ml（大） | 300ml（小） | 300ml（小） | 300ml（小） | 600ml（中） |
| | 细分市场 | 低端 | 低端 | 中端 | 中端 | 高端 | 高端 |
| 财务信息 | 工厂销售价（元） | 1.60 | 2.93 | 2.49 | 2.79 | 3.93 | 6.03 |
| | 销售额（千元） | 801.50 | 351.96 | 99.60 | 195.51 | 98.33 | 144.79 |
| | 占公司销售额（%） | 47.38% | 20.81% | 5.89% | 11.56% | 5.81% | 8.56% |
| | 净利润（千元） | 200.38 | 70.39 | 14.94 | -9.78 | -29.50 | -30.41 |
| | 净利率 | 25.00% | 20.00% | 15.00% | -5.00% | -30.00% | -21.00% |
| | 占公司净利润（%） | 92.75% | 32.58% | 6.92% | -4.53% | -13.65% | -14.08% |
| 生产与库存 | 本阶段生产量（千包） | 300 | 110 | 100 | 200 | 0 | 0 |
| | 工厂销售量（千包） | 500 | 120 | 40 | 70 | 25 | 24 |
| | 工厂库存（千包） | 0 | 9 | 90 | 140 | 0.1 | 6 |
| | 经销商库存（千包） | 0 | 6 | 20 | 17 | 6 | 9 |
| | 零售商库存（千包） | 15 | 10 | 90 | 12 | 4 | 5 |

量一栏中 S2-0002S 和 S2-0003K 都出现了 0 生产量，说明新的管理层已经停产 S2 品牌，而把生产聚焦在 S1 新品上。旗舰产品 T1-0001S 在工厂库存上和经销商库存都出现了 0 数值，这告诉我们此款产品出现了断货的现象，其产能和库存管理或许有提升空间。

第三步对比参照数据并分析差异。单一而绝对的数字并没有太大意义，寻求多方相对的关键参照信息对于发现商业洞见至关重要。公司的内外部环境经常改变，基础的相对数字，比如跟竞品及整个行业的数字对比，自己本公司环比或跟上一阶段的对比，甚至单品之间的对比都是很好的分析路径。这让我们不单一地局限在对个体的分析，而从更大的局势来看待本公司的产品和服务，做出更适合的判断。例如，产品 T1-0001S 销量和净利润都高居榜首，这种状况是一贯的现象吗？对比上一个季度和去年同季度有什么变化？这些对比可以过滤出由于外部因素如促销和重大活动等带来的一次性冲击，也可以将季节性波动的因素考虑在内。另外，零库存说明公司在产能安排和库存管理中可能存在提升空间，历史数据的对比对于了解问题的全貌也很有帮助，比如 T1-0001S 的历史产能和库存对比。

前 3 步中已经积累了对公司运营的基本判断。但由于提供的数据有限，要学会挑战所提供信息的细节颗粒度和信息的全面性，还需要学会深“挖”，问正确的问题，索要关键的新数据点。例如，对于新品牌 S 的综合评估需要更多的财务信息。可表格只提供了单品层面销售额和净利润，缺失了成本和市场营销等大类的具体数字。得到成本构成后，会发现中高端的果蔬汁饮料 S 毛利远高于碳酸饮料，这也是公司当初布局高端市场的目的。通过新的营销数字，会发现新品营销数额和占比都过大，因此才亏损。参照业界常规，即使有大量和精准的市场投入，一个新品牌饮品也至少需要 4 个季度才能盈利。如果是这样，停产高端 S2 品牌决策的正确性就需要进一步论证。还应该做详尽的市场发展趋势分析，饮料行业的健康和消费升级的趋势对制定公司战略也有很大的帮助。

将相关的数据尽可能地收集，再经过细致分析，最后就是归纳提炼出洞见的关键步骤了。萃取洞见并不是件容易的事情，但经过之前的数字导向的准备，提炼有时会水到渠成。可能的公司战略层面的洞见包括：饮料市场已经出现健康和消费升级的趋势，A 公司碳酸饮料旗舰产品 T1-0001S 的销售放缓，战略上需要增加更健康、利润空间更大的产品。附加值更高的果蔬汁饮料或成为公司发展的核心举措。在碳酸饮料利润依旧充足的情况下，需要持续布局并投入果蔬汁饮料，并给全新高端品牌 S2 提供足够的成长时间。而在单品层面，T1-0001S 是公司旗舰现金牛产品，但在产能和库存管理方面曾出现严重失误，未能预测到春节市场需求的猛增，造成缺货断货而产生的巨额损失。需要进一步审视并提升 A 公司产能规划和库存管理的方法和流程；高端产品 S2-0002S 和 S2-0003K 的全面停产应该重新被考虑等。

综上，对于管理者来说，从杂乱的表象中寻找和提炼洞见就能为企业提供最重要的增值服务。寻求洞见也贯穿后文要介绍的新麦肯锡五步法的全过程。在战略项目初期，对问题定义的深入探究就是透过表象寻求洞见边界的过程。五步法的第三步提出假设和第四步验证假设是通过科学调研和分析等方法发现洞见。最后一步交付是对洞见的呈现和交流。

### 3.2.2 洞见先行

关于洞见的商务交流规则是，洞见先行。无论哪种呈现形式，一定要先阐述自己的核心观点，也就是洞见，然后再辅以论据或分论点。

日常工作里，常见图 3-5 中左边这样的电子邮件：正文部分赫然写着“领导，请看附件”，随之附上 *N* 个巨大的 Excel 或 Word 文档。这种不负责任的邮件是对读者的极大不尊重。切记，交流中不能假设存在“不言而喻”的洞见。读者大多时候没有时间也没有意愿解读原始数据，因此需要提出洞见来节省沟通时间，加快决策进程。

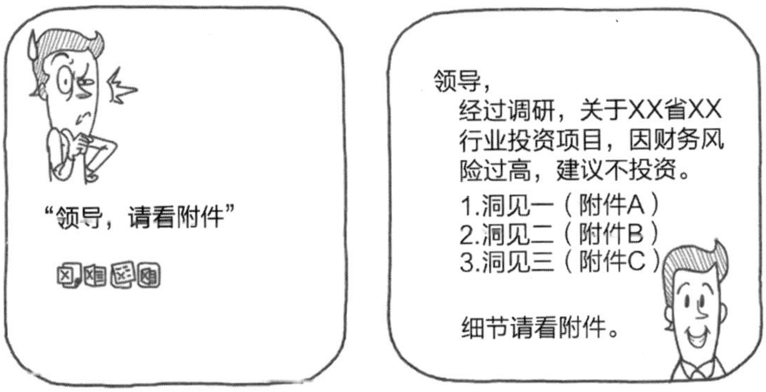


图 3-5　洞见先行的商务交流规则

## 3.3　原则 3：MECE 原则

到目前为止，MECE 和“切”肯定是本书运用的最多的词汇。MECE 原则是结构化战略思维最核心原则，也是“切”的核心要求。

MECE 是自上而下方法论的利刃，也是思辨者日常修炼的最为关键的科目。之前讲过，从“切”名词到“切”问题，每次切分所用维度不同就会生成众多迥异的分支，然后再对每个分支节点进一步深度“切”分“挖”下去。

再重温一下MECE原则的概念。MECE是英文“Mutually Exclusive, Collectively Exhaustive”的简写。MECE原则要求切分后：子分类相互独立无重叠，子分类加起来穷尽全部可能。

### 3.3.1 透过MECE原则看经典管理学理论

我在攻读MBA学位的时候，战略主修课教授曾体系化地传授众多经典管理学理论。那时我总是怀着满心崇拜，觉得能像迈克尔·波特一样把名字嵌入经典管理学理论一定需要天才般的才智。迈克尔·波特是某全球知名高校的教授，创造了波特五力模型，在2005年世界管理思想家50强排行榜上排名第一。可是几年后，当我在麦肯锡从事战略咨询工作后，这种膜拜很快就淡化了。因为在每个战略项目里，咨询师经常需要根据实际情况，利用维度切分和MECE原则创造出多个用于解决实际问题的全新理论框架，并以此为整个项目的逻辑主线。学习、创造并超越经典已经成了家常便饭。

对于思辨者而言，经典管理学理论同样遵守维度切分和MECE原则。掌握了结构化战略思维的基石，可以复盘这些理论的生成过程，并创作出更符合时代要求的新框架。本章将系统地、批判性地复盘几个经典管理学理论的思路，通过学习其优势和不足来加深MECE原则的运用。

按照从宏观到微观、从外部到内部的顺序，审视一下最常见的几个经典管理学理论：从宏观PEST模型开始，到行业赛道吸引力的波特五力模型，然后是公司能力SWOT分析，再到内部公司管理的麦肯锡7S模型，最后看看多维度理论如BCG矩阵和消费者细分市场感知分析。

#### 3.3.1.1 PEST 模型

PEST 模型（见图 3-6）由哈佛经济学教授弗朗西斯·阿吉拉尔（Francis J. Aguilar）最早在 1967 年提出[1]，是用来评判企业外部宏观经济大环境的理论框架。一起来推演下这个理论的诞生过程。

每个经典理论都是用来解决非常具体的商业问题的。PEST 模型也一样。现在假设你是一家世界顶级基金的投资负责人，有很多资金要分散投入不同国家或地区，那么在挑选资金投入的国家或地区时，需要重点考虑哪些因素？

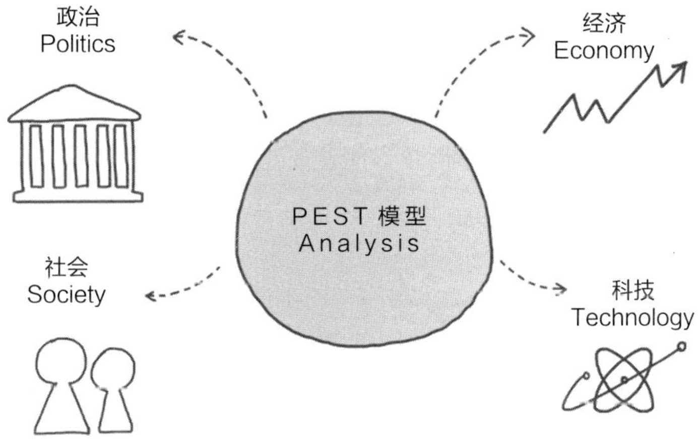


图 3–6　PEST 模型

在白板前，就如何解决这个问题，你带领小组从零开始头脑风暴。你郑重地把问题书写在白板下：“如何评判一个国家或地区的宏观经济是否适合投资？”

---

[1] 弗朗西斯·阿吉拉尔在 1967 年提出 ETPS 模型，与 PEST 模型内容一致，只是顺序不同。美国学者格里·约翰逊（Gerry Johnson）与凯万·斯科尔斯（Kevan Scholes）于 1999 年提出了 PEST 模型。

头脑风暴的第一步是，要求团队把所有能想到的具体因素先罗列出来，然后再逐一排查、提炼和归类。团队成员七嘴八舌地把想法不分层次、不分顺序地全部抛出，由你统一执笔书写在白板上。在写每一个可能的因素之前，你要鼓励团队实时挑战每个新因素的合理性，做适当的甄别和筛选，确保只有相关因素才会留在白板上。

如果大家踊跃参与讨论，白板慢慢地就会被头脑风暴产生的相关决策因素填满。

政局稳定、边境稳定、宗教信仰、人口数量、消费能力、军事能力、投资政策、法治程度、货币流动性、人口增长速度、人口素质、科技水平、发明创造、对外国资本的保护、医疗卫生、基础建设（如公路）、自然资源、政府科技投入、港口数量、互联网发展程度、工业现代化程度……

头脑风暴的第二步是提炼归类。作为主持人，你的主要任务是把以上的因素去除冗余，归纳成几个大的类别，并有意地引导大家用统一的 MECE 视角看待这些因素。梳理一下头脑风暴得出的因素，大概率会得到以下分类结果。

**政治：**政局稳定、边境稳定、对外国资本的保护、法治程度

**经济：**人口数量、人口增长速度、消费能力、投资政策、货币流动性、医疗卫生、基础建设（如公路）、自然资源、港口数量、互联网发展程度、工业现代化程度

**军事：**军事能力

**文化：**宗教信仰、人口素质

**科技：**科技水平、发明创造、政府科技投入

合并同类项之后，团队可能得出了 5 种符合 MECE 原则的大品类，暂且

给这个理论起个“洋气”的名字——PEMCT 模型（Politics 政治，Economy 经济，Military force 军事，Culture 文化和 Technology 科技）。PEMCT 模型与经典 PEST 模型（政治、经济、社会和科技）相比，除了细微的分类差异之外，大部分因素惊人相似。

经典 PEST 模型无非是把刚创建的 PEMCT 模型中的军事放在政治类别里，又用广义的社会涵盖 PEMCT 中的文化品类。我们创造的新 PEMCT 模型也有自己的优势：在战事不断和中西方文化碰撞的大背景下，单独对军事和文化进行讨论具有时代特质。也就是说，从适用角度来看，新生成的 PEMCT 模型有时代领先性，可作为 PEST 模型的现代改良版本。

类似的切分和 MECE 原则的练习作用不可小觑。我们小试牛刀便生成了一个宏观环境判断的新框架！无论是刚创建的 PEMCT 模型还是 PEST 模型都符合 MECE 原则，是切分的合格产物。

#### 3.3.1.2 **波特五力模型**

按照从宏观到微观的顺序再往前走一步，从国家地区选择的宏观标准逐渐聚焦到评判一个特定地区某行业吸引力的主要因素，我们来回答“哪个赛道值得投资”的问题。

我们同样用“切”和 MECE 原则来复盘判断行业吸引力的波特五力模型（Porter 5 Forces）的产生过程。

还是来复盘头脑风暴的过程。你拿着白板笔，带领 3~5 人的团队来解决问题。在白板上写下：“PEST 分析之后，公司决定投资中国。但中国市场有许多行业，可以用哪些具体的标准来选择投资的行业或赛道？”

这个问题比较绕，需要重新简化一下。波特五力模型有个“讨价还价 / 议价能力”的概念。大意是说，商场如战场，每个行业的实体企业都跟外部各种势力进行着博弈。在某个特定行业中，如果企业对周边玩家的议价能力普遍较强，说明这个行业相对容易推进，有吸引力；相反，如果企业议价能力很有限，说明这个行业比较有挑战性，因此也就缺少吸引力。

按照这个逻辑，问题可以被重新写成：“在某一特定行业，外部（不是内部）有多少种势力或玩家可以制约或帮助一个企业的成长？”宏观的政策法规之类的风险已经用 PEST 模型进行覆盖，这里只谈企业外部的实体。

第一步依然是多维度的切分。还是采取穷尽具体因素的方法，在这种情景下，以一个具体的行业和其中的企业为例子才能形成深刻体会。假设公司是专做早餐的餐饮业实体，是一家卖烧饼的店铺，并起了个非常有历史感的名字，叫“大郎烧饼”。

那么，有哪些外部实体或玩家可以制约或帮助我们心爱的大郎烧饼店发展呢？大家开始头脑风暴，列举每一个相关的外部实体：卖面的、卖炭的、街上的其他饭店、卖面包的、卖包子的、卖面条的、卖西方糕点的、一堆其他卖烧饼的，如“太郎烧饼”和“老狼烧饼”、网上直送烧饼的网店、正在买烧饼制作设备的邻居，BAT 互联网巨头如果认为烧饼有赚头也要搞个 AI 烘焙以一统天下烧饼，还有每天挑三拣四的顾客们。大家整理思路，通过共同归纳总结，可将这些外部实体或外部玩家分为以下几大类。

**同品类竞争者：**其他卖烧饼的，如“太郎烧饼”和“老狼烧饼”，直送网店

**上游供应商：**卖面的、卖炭的

**下游消费者：**顾客

**替代品：**街上的其他饭店、卖面包的、卖面条的、卖西方糕点的、卖包子的

潜在进入者：正在买设备的邻居、BAT 互联网巨头的 AI 烘焙

总结出同品类竞争者、上游供应商、下游消费者、替代品和潜在进入者这五种可能后，再拿出波特五力模型的经典图谱（见图 3-7）对照一下，不禁感叹何其相似。

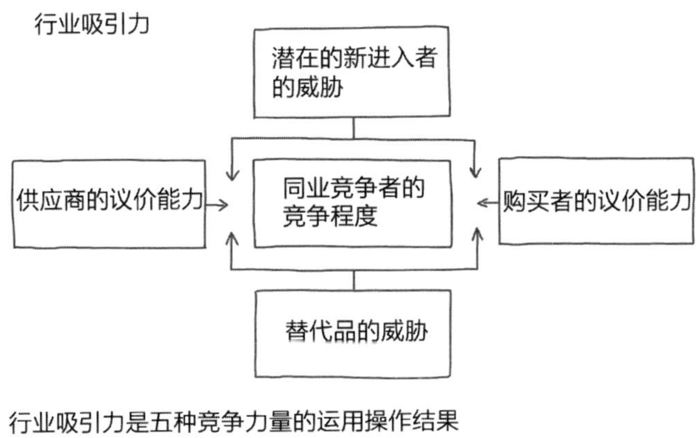


图 3-7　波特五力模型

为什么用切分和 MECE 原则自制的企业影响图谱跟波特五力模型基本一致？仔细想一下，这个结果就可以理解。对企业而言，尤其是对传统制造企业来说，核心的外部交互方相对有限，经过适当提炼总结之后得出的归类应该与经典理论大体一致。

如前所述，讨价还价即议价能力的高低可以用来判定这个赛道的吸引力。用这个逻辑来看大郎烧饼店所在的线下早餐餐饮业，可以把周边的相应外部实体或玩家排查一遍，通过分析数据来推断早餐餐饮业的吸引力。

假设拿到了真实的数据，可以推导出在中国类似大郎烧饼店的线下早餐餐饮业的综合吸引力较弱，不建议投资。结论是基于“议价能力”的分析：上游

供应商议价能力很强，原材料都是食品类通货，导致企业议价空间十分有限；下游消费者由于选择很多，在缺乏品牌力的情况下，商家相对弱势，消费者具有较强的议价能力；由于科技含量低，行业的进入门槛低，潜在参与者容易进入；替代品更是琳琅满目，中西糕点和其他早餐品类等都是合格的替代品；本赛道的早餐同类竞争对手也相对强势，如果大郎烧饼产品没有特色，消费者缺乏品牌认知，就很容易被太郎烧饼或老狼烧饼蚕食市场份额。波特五力模型体系化地指导了企业分析的路径，短时间便可得出初步的判断结果。

波特五力模型真的完美吗？思辨者不妨再次挑战经典，用 MECE 原则重新审视经典。有人发现除了限制企业发展的外部“杀手”实体之外，还有一类外部企业会帮助企业发展。这些外部企业对于本企业而言具有明显的互助共荣的特色，他们被称为“协作者”。比如卖豆浆的“王婆豆浆”跟大郎烧饼就很互补。虽然都是早餐类产品，但彼此产品差异性大且非竞品或替代品。烧饼和豆浆又面对相似的消费群体，完全可以互相协作引流，甚至打包组合成新的早餐产品。这样，波特五力模型的增强版——“六力模型”应运而生，把外部势力更全面地一网打尽，更符合 MECE 的穷尽原则。

“六力”之外真的就没有其他“力”了？当然有。行业特殊性的存在往往可以挑战普适型原则。比如，在很多国家，很多行业都有行业工会（Labor Union）。工会虽然在企业体系外，却可以直接影响企业内部的管理和运作，对本行业都有十分重要的影响力。还有一些特殊行业，比如裘皮加工业和矿产开发会受到外部公益组织如动物保护协会和环境非政府组织（NGO）的干涉。遇到这些特例，就不能以偏概全地照搬照抄已有模型，需要在原有的理论框架基础上进行定制“一事一议”的特殊处理方案。

波特五力模型是否适合所有企业？仔细想想也不尽然。不如把视角从传统制造业移到其他模式不同的行业，如互联网企业。互联网企业本身已经相当多元化，大多数互联网企业没有明确的供应商，有些甚至没有上下游的概念。大学和培训机构为软件研发公司提供人才，软硬件平台公司提供服务器和代码平台。但这种近似采购通货的供应关系已经从本质上有别于制造业企业对原材料供应商的依赖。类似发现是对波特五力模型在基础层面的冲击。

综上，通过锲而不舍地“刨根问底”，可以对波特五力模型的内容、功用和局限性都产生更深刻的认识。

#### 3.3.1.3 内部管理 SWOT 分析和麦肯锡 7S 模型

分析宏观经济 PEST 模型、行业吸引力波特五力模型后，我们把目光从外部转至企业内部，从微观角度审视管理细节，来看看企业管理与运营的经典 SWOT 分析和麦肯锡 7S 模型。

**SWOT 分析**

SWOT（Strengths 优势、Weaknesses 劣势、Opportunities 机会和 Threats 威胁）分析方法是最常见的分析模型，有时甚至被滥用（见图 3-8）。似乎所有 MBA 新毕业生或是接受了几天管理培训的管理者都会习惯性地在自己汇报 PPT 里加一页 SWOT 分析，认为 SWOT 分析高端大气上档次。

然而，SWOT 分析在逻辑思维层面是最简单的单一维度逻辑法切分。整个模型只重点用了“内部 vs 外部”一刀来“切”公司管理问题，然后在内外部基础上，用“好 vs 坏”拼凑成 4 个象限。

优势：公司管理相关的有利的内部因素。

劣势：公司管理相关的不利的内部因素。

机会：公司管理相关的有利的外部因素。

威胁：公司管理相关的不利的外部因素。

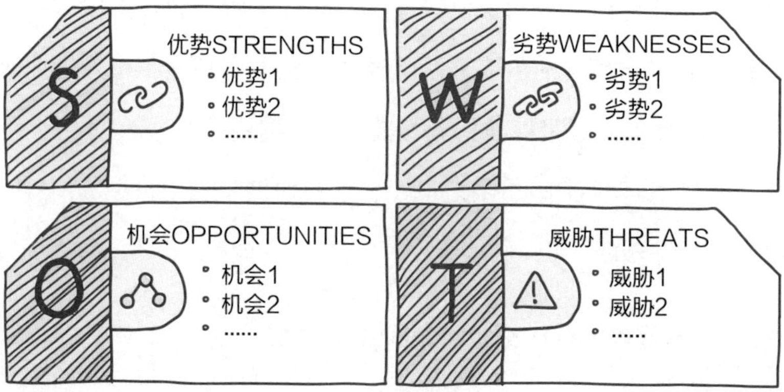


图 3–8　SWOT 分析

从设计上看，SWOT 分析是粗线条地初步梳理思路的工具，而不应该成为呈现思考结果和洞见的方法。企业管理外部和内部都应该有更细节、更深入的切分方法，如前所述的波特五力模型就在外部分析上比 SWOT 分析中的“机会”和“威胁”更有深度。从内部分析角度看，SWOT 好坏两极的逻辑也过于粗糙，跟麦肯锡 7S 模型和比较通用的企业战略画布等模型在细节层次上有很大差距。所以，在企业报告中只呈现 SWOT 分析是整体分析颗粒度不细和思维深度不够的表现。

**麦肯锡 7S 模型**

企业内部管理有很多不错的分析框架，这里着重讨论一下麦肯锡 7S 模型。这个模型是麦肯锡的两位咨询师小罗伯特 · H. 沃特曼（Robert H. Waterman, Jr.）和托马斯 · 彼得斯（Thomas Peters）在 20 世纪 80 年代初首次提出的，主要用来诠释公司各内部模块是如何相互作用的。

鉴于已经多次复盘模型的生成，此处就从切分角度和 MECE 视角来直接审视这个 7S 模型是否合理合规。麦肯锡 7S 模型包括 7 个部分，每个部分的核心词都以英文字母 S 开头，如图 3-9 所示。

Strategy 战略：公司要建立相对竞争对手的可持续的竞争优势的计划。

Structure 结构：公司的组织架构，如汇报的链条。

Systems 系统：员工完成任务所用的系统和流程。

Shared values 共同价值观：公司的核心使命和文化。

Style 风格：公司决策和管理风格。

Staff 员工：组织成员。

Skills 能力：组织综合能力。

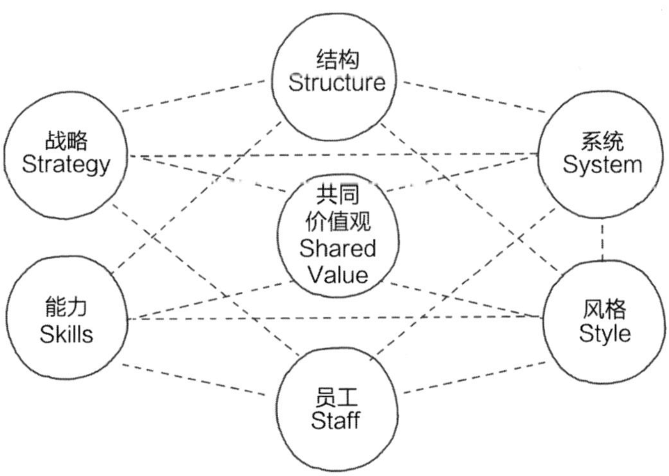


图 3-9　麦肯锡 7S 模型

麦肯锡 7S 模型把共同价值观放在所有要素的中间，凸显价值观是各个部分的核心黏合剂，所有要素都围绕着价值观。在实操中，尤其在企业变革的过程中，管理者会把元素两两配对进行分析，把图谱转化成比较矩阵。

作为训练有素的结构化思维“切”的专家，先习惯性地看一下麦肯锡 7S 模型中这 7 个要素是否符合 MECE 原则。我们惊奇地发现，7S 模型虽然冠以“麦肯锡”的前缀，但这 7 个要素却不止一处违反了 MECE 原则！

“共同价值观”被放在整个图谱中间，与其他因素形成了“中心 vs 边缘”的第一层关系。可以理解为公司内部运作的影响因素被分成价值观和价值观之外的核心因素，这个层面是符合 MECE 原则的。再往下一层“挖”，看看“共同的价值观”周围排列的第二层中的 6 个元素是否符合 MECE 原则。“员工”和“能力”“员工”和“风格”这两者之间就有较为明显的重叠。“员工”包含了部分“能力”，在一定情况下甚至决定了“能力”。“风格”也同样跟“员工”甚至“价值观”呈正相关，在一定程度上有重叠。这违背了 MECE 原则中各元素相互独立不重叠的要求。

麦肯锡 7S 模型违背了 MECE 原则，这或许跟两位原创作者努力凑 7 个“S”开头的英文单词有关。为了视觉的整齐划一，用力过猛、削足适履。

相对于麦肯锡 7S 模型，实操中有几个类似的模型框架更实用。比如传统管理理论的“人、系统、流程”和阿里系提出新零售的“人、货、场”，都是相对符合 MECE 原则的对企业运营的“切”法。我们能利用结构化战略思维的方法论指出经典切分框架的不足并根据实战的需求而选择、改进或原创出新框架时，就是真正在管理思维层面有了实质提升。

以上的三个例子（PEST 模型、波特五力模型和麦肯锡 7S 模型）都是结构化单一维度分析的经典框架。再来看看多维度的经典框架，批判地学习和借鉴。

#### 3.3.1.4 多维度分析框架：BCG 矩阵和消费者细分市场

如前所述，从单一维度到多维度思考的飞跃是结构化战略思维的高要求。我们来看看两个经常用到的双维度经典理论。

**BCG 矩阵**

BCG 矩阵（又称“市场增长率－相对市场份额矩阵”）是由波士顿咨询公司（The Boston Consulting Group，BCG）创始人布鲁斯·亨德森（Bruce Henderson）于 1970 年首创的，是一种关于企业产品战略的评判框架。正如前文介绍的多维图谱，最初版本的 BCG 矩阵以“市场吸引力”与“企业实力”两个维度分别为 X 轴、Y 轴。市场吸引力主要以市场销售总额的增长率来评判；企业实力包括市场占有率、技术、设备、资金利用能力等，往往以产品市场占有率作为评判标准。

为了便于展示，此处采用简版的 BCG 矩阵：X 轴也就是将企业实力的评判标准简化成单一产品相对市场份额；Y 轴用细分市场销售总额的增长率作为量化指标。以上两个维度相互作用，公司的所有产品被划分到四个象限，这四个象限也可以称作“产品类型”。

BCG 矩阵具有多维图谱战略指导的特性：把产品准确放在相应的象限中之后，产品的发展战略大方向就很自然地被确定了。逐一看一下不同象限（见图 3-10）。

**现金牛产品**：在饱和或略萎缩的成熟市场，该产品市场占有率高。比如，中国碳酸饮料市场逐渐饱和，可口可乐占有的市场份额较大，是一个现金牛产品。现金牛产品的战略方向是保证基本补给，争取在短时间内获取更多利润，为创新产品提供资金保障。

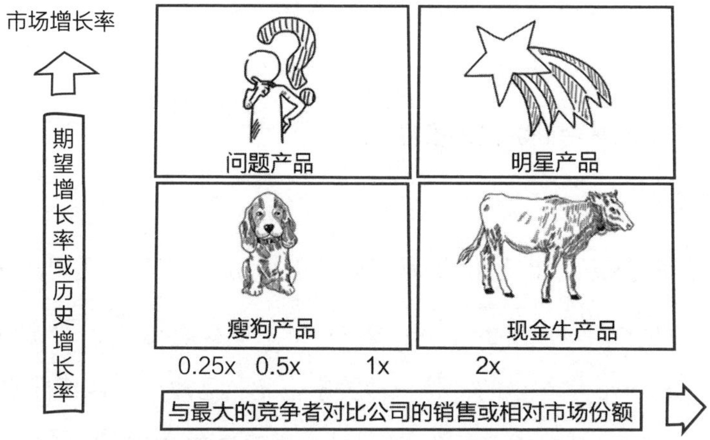


图 3–10 BCG 矩阵（市场增长率 – 相对市场份额矩阵）

**明星产品：**在高速发展的增长市场，市场占有率高。比如，在电动汽车赛道，特斯拉就属于明星产品。明星产品的战略方向是抓住市场机会，倾尽投入，积极扩大经济规模，在提升本产品市场占有率的同时提高市场进入的壁垒。

**问题产品：**在高速发展的增长市场，市场占有率低。问题产品处于一个高增长的赛道，资本和潜在玩家都会涌入。在这样的市场中不进则退。针对这类产品的产品战略要么加大投入，把产品向明星产品品类推进，要么就止损放弃。

**瘦狗产品：**在饱和或略萎缩的成熟市场，市场占有率低。针对瘦狗产品，建议采用撤退战略，应减少产能，逐渐撤退；对那些销售增长率和市场占有率均极低的产品，应适时淘汰。

就这样，BCG 矩阵用简单的四个象限把所有产品清晰地划分归类，并附上产品战略方向性建议。

我们照例试着挑战一下这个经典矩阵。首先，不得不说 BCG 矩阵是个相当值得称赞的产品战略讨论的起点框架。依据框架得出的结论能指引具体的产品战术，具有很强的实操性。而且，BCG 矩阵在实战中有促进高效沟通的优良“副作用”：这四类产品类型，比如现金牛产品，可以用来统一公司内部对产品的定位。在公司层面对产品定位有一个清晰的理解能在很大程度上减少内部沟通的交流成本，从而增加战术落地成功的机会。

如果非要鸡蛋里挑骨头，只好再次从“切”的角度审视一下这个经典模型。BCG 矩阵的模糊性存在于 X 轴和 Y 轴，即相对市场份额和市场增长率的刻度。之前提到，维度切分要求衡量的维度满足具体可衡量的客观标准。以 X 轴为例，瘦狗产品从哪一个具体数字点开始变成现金牛产品一直是争论的焦点。这个关键切分点随着行业和市场竞争状态的不同而变化着。也有人认为每个细分市场可能需要以不同的 BCG 矩阵进行分析，如何确认产品在细分市场的份额也容易引发分歧。Y 轴也面临着类似的挑战。

还有的批评之声针对 BCG 矩阵近乎“一刀切”产品战略推荐，而现实中产品战略的复杂度远远超越该框架的主要维度。就瘦狗产品这一品类而言，现实中大多数产品会被划归到这个象限。然而，瘦狗产品有很多其他未被提及的维度功用，不能一概而论。比如在快消品行业里，瘦狗产品很可能是“多品牌战略”的一部分。在美国的早餐燕麦片市场，头部企业如通用磨坊（General Mills）和家乐氏（Kellogg’s）就用大量瘦狗产品来占领货架空间，让其他中小竞争对手找不到货架而无处立身。瘦狗产品还对主产品有产品风险管理的保护作用。如果主品牌发生公关危机类风险，至少公司还可以对成熟的瘦狗产品加大推广力度升级以填补产品空缺。

可以看到，尽管这些批评都在试图挑战这个矩阵，但是依然没有从根本上冲击到其底层的架构基础，而且这个矩阵也符合 MECE 原则。BCG 矩阵果然不失为一个优秀的、可以激发有意义战略讨论的二维度经典商业理论框架。

**消费者感知图**

如果说 BCG 矩阵是关于“产品”战略的经典框架，那下面我们看一下关于“客户”的分析框架——消费者感知图。消费者感知图的主要功能是细分消费者或购买者，并根据每个细分客户群体制定公司的产品战略。

与前文列举的多维图谱的呈现形式一样，消费者感知图也是由两个维度“切”分而成的（见图 3-11）：X 轴是消费者对价值的追求，也称为“价值感知”。价值感知数值越大意味着产品的质量、原材料、技术和包装等因素越优秀。Y 轴是消费者对品牌的追求，也称为“形象感知”。形象感知的数值越大表明产品品牌在消费者的思维空间中占比越大。

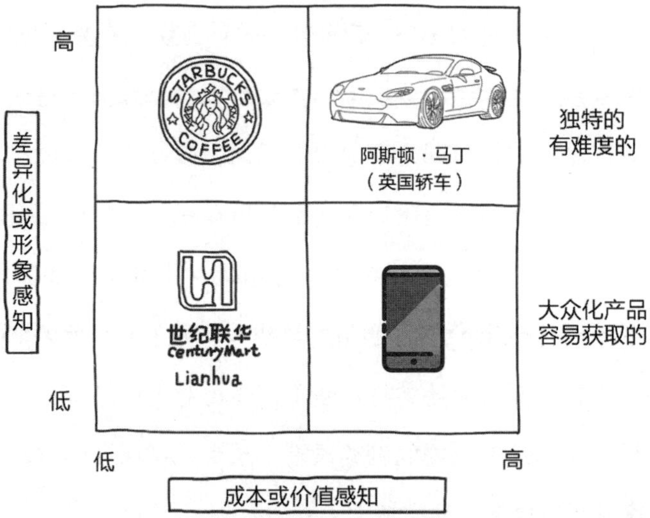


图 3-11　市场细分的消费者感知图

以上两个维度 X 轴和 Y 轴相互作用，取其中线即可将图谱分为 4 个部分，可将消费者划分到四个不同的象限或类型中。

**价格敏感型：**对产品价值要求相对低，对品牌要求也相对低，最主要的决策因素往往是价格。对于这类消费者，企业要想方设法用规模化和自动化等降低成本的手段形成相对可持续的价格优势。

**追求极致型：**对产品价值要求高，对品牌要求也高，付费意愿偏强烈。对于这种消费者，产品一定要占据市场中价值感和品牌组合的制高点。比如苹果手机，一旦稳定成为市场上价值感和品牌的综合龙头，就能拥有让人嫉妒羡慕恨的品类最高定价权。

**实用型：**对产品价值要求高，对品牌要求低，是一群懂行并追求超强性价比的消费者。这些消费者对于广告等营销方法相对不敏感，总是在寻找价值感高且价格合理的产品。消费者更看重价廉物美的产品，比如一些非名牌手机，只用苹果手机一半的价格就能满足消费者对手机功能的全部需求。

**虚荣型：**对产品价值要求相对不敏感，但对品牌要求高，往往是一群追赶潮流并愿意为品牌溢价买单的消费者。比如对于某些特定消费者来说，星巴克咖啡本身并不是刚需，购买星巴克主要是为了体验品牌形象所映射的小资生活方式。

消费者感知图与 BCG 矩阵相似，都可以指导公司产品战略方向。每一个产品总是要聚焦服务一个或多个消费群体，而不是全部消费者。把产品和相对的细分市场群体做匹配时，就可以根据每个细分客户群体不同的需求特色指导产品战略。比如，产品如果聚焦于价格敏感型的消费者，厂家就应该努力降低生产成本，如采用生产自动化和标准化等生产方式；而对于追求极致型的消费者，厂家则要确保自己的产品在价值感上和品牌力上的综合实力领先市场，广告投入和产品研发迭代缺一不可；对虚荣型消费者而言，产品的品牌形象非常关键，厂家要重资布局市场及营销。

在竞争充分的市场里，满足特定消费群体的偏好是产品成功的基础。企业产品必须锁定特定的消费者细分市场，投入有限的资源满足该细分市场的需求。消费者感知图就是细分市场理论中的一个实用工具，从消费者对产品感知的两个核心维度入手，为“消费者为中心”的产品战略提供讨论的框架。

同样，如果用结构化战略思维仔细审视这个经典模型，就会发现消费者感知图的缺陷也比较明显，比如“价格”这个对消费者至关重要的维度就没有被充分地量化体现。价格因素被包含在 X 轴和 Y 轴的因素中，如质量、原材料、技术、包装和品牌等，但比较难以量化。这种价格维度缺失而导致的矛盾在虚荣型象限比较明显。虚荣型消费者和价格敏感型消费者在价格承受能力上有巨大差异：虚荣型消费者付费意愿强烈，所以虚荣型产品的定价可远高于价格敏感型产品。但在消费者感知图中，两个人群有相似的 X 轴（价值感知）坐标位置，而本模型的 Y 轴（形象感知）定义并未充分体现价格上的差异。

要进一步精进这个图谱，或可以将价格因素按算法嵌入 X 轴，但会增加模型的复杂性；也可以把价格定位成超越 X 轴和 Y 轴的第三维度，但第三维度的呈现方式就具有相当的挑战性。这些不成熟的修改建议都有些画蛇添足的味道，因此我认为消费者感知图这类经典多维图谱经得起实践的挑战。

综上，从维度“切”分和 MECE 原则角度审视了这五个经典管理理论。PEST 模型、波特五力模型和麦肯锡 7S 模型是单一维度的，而 BCG 矩阵和消费者感知图是二维度的多维图谱。

在熟练掌握结构化战略思维的方法论之后，可以试图复原这些经典理论的创造过程，挑战并指出经典中的不足。在尊重的基础上挑战经典，这跟老祖宗的教诲“尽信书则不如无书”的批判性学习态度是一个道理。

#### 3.3.1.5 关键图谱的扩展

对于结构化战略思维的初学者来说，复用经典多维图谱是必经阶段。上面介绍的经典管理理论中就不乏榜样，比如BCG矩阵等，在适当的场景下应用会带来实用的商业洞见。可思辨者要严格要求自己：在每次关键商务汇报时，思辨者要要求自己至少创作一张多维关键图谱，而且大多数关键图谱都要用XY两轴多维度把思维的深度和广度立体地展示出来。

这里再介绍些实战中的战略图谱案例，给大家一些灵感。

**增长战略图谱**

首先介绍品类拓展分析的多维关键图谱。在战略咨询中，“增长战略”是比较常见的议题。对于行业的头部企业[1]，由于本企业体量大，企业增长基本趋同于整个行业的增长趋势。在整个行业增长乏力时，企业管理者往往要考虑主营品类之外的其他市场。品类拓展就是探究跨界到相邻相近的行业，寻求新的增长契机。

我们以白电行业为例来看看品类拓展分析的多维图谱如何落地。多年前，我曾被中国最大的白电厂家H公司邀请，协助设计公司品类拓展战略。团队要在项目初期就建立一个多维度战略讨论框架来指引整个项目的方向。

直接看一下白电行业品类拓展分析的多维关键图谱的构成（见图3-12）。如

[1] 在某个行业中，对同行业的其他企业具有很深的影响、号召力和一定的示范、引导作用，并对该地区、该行业做出突出贡献的企业。

前所述，多维图谱至少由两个维度——X 轴 Y 轴组成。在品类拓展分析图谱中，X 轴坐标体现为“以家为中心的相关品类”，Y 轴是公司自定义的“核心竞争优势”。X 轴品类要符合 MECE 原则并按照与白电核心产品的相关性大小做降序排列。也就是说，新品类离白电越近意味着与白电相关性越强，反之相关性越弱。

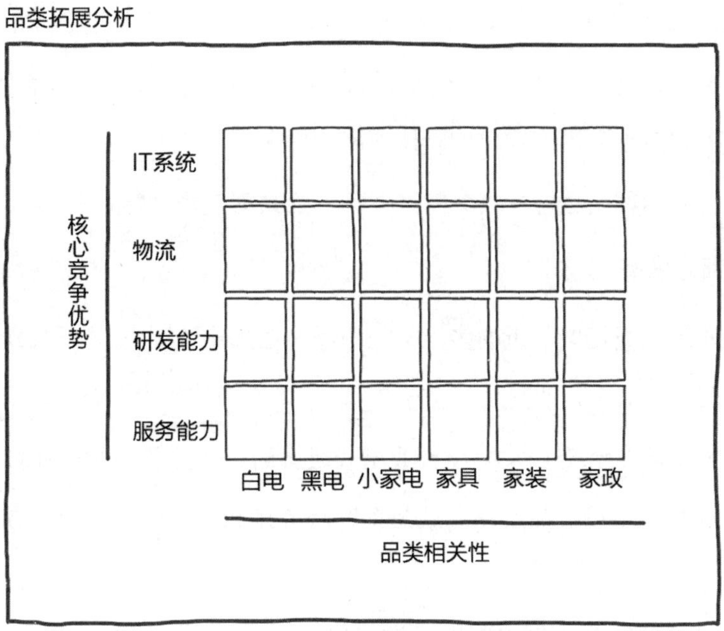


图 3-12　H 公司的品类拓展分析图谱

如图 3-12 所示，沿着 X 轴 Y 轴的刻度垂直于所在轴绘制直线，这些直线彼此交汇就构成了一个网状的方格矩阵。这时，每一个方格其实代表了一次判断：判断新品类与企业已有各核心竞争力能否匹配。这个图谱是个不折不扣的关键图谱，以该框架为基础可以引导初期的品类拓展战略讨论。

战略讨论时，可以利用这个品类拓展分析图谱，对每一个方格依次进行研讨。在图谱上用“√”来表示某个具体核心竞争力支持此新品类，而“╳”表示不支持，用“○”表示不确定。对每个方格进行判断和讨论之后再纵向观察。任何“√”多的品类都值得第一轮深入调研。初步调研的结果如图 3-13 所示。

按照 MECE 原则，以与白电的相关性强弱为顺序仔细调研并讨论每个以家为中心的产品品类。在品类拓展框架下，发现“黑电（电视）”“小家电”和“家具”与已有的核心竞争力比较匹配，值得第一轮深入调研。

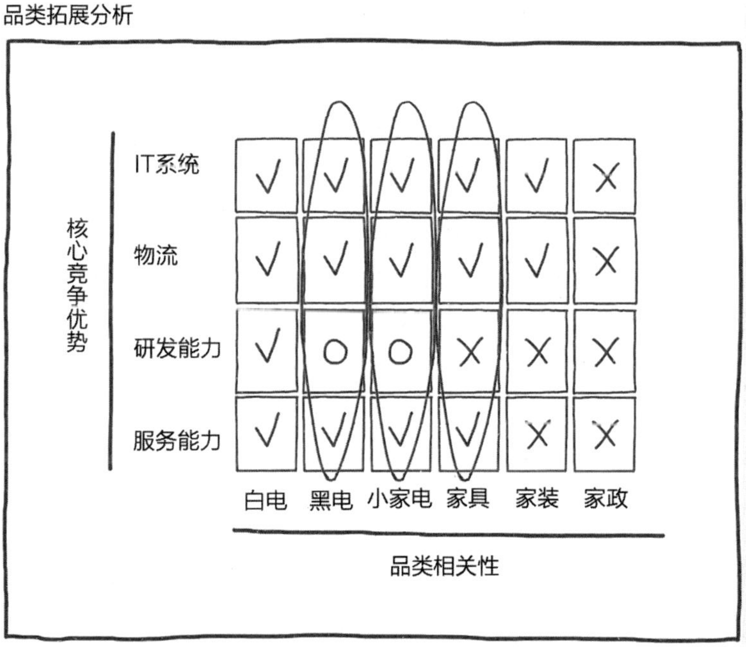


| | 白电 | 黑电 | 小家电 | 家具 | 家装 | 家政 |
|---|---|---|---|---|---|---|
| IT系统 | √ | √ | √ | √ | √ | ╳ |
| 物流 | √ | √ | √ | √ | √ | ╳ |
| 研发能力 | √ | ○ | ○ | ╳ | ╳ | ╳ |
| 服务能力 | √ | √ | √ | √ | ╳ | ╳ |

图 3-13　H 公司的品类拓展分析初步调研结果 1

在战略框架的引导下，下一步就聚焦于这三个赛道市场有多大、竞争是否激烈、竞争对手是谁等问题，可以看一下已有市场状况并关注有无需求变化。

如果决定做新品类，要考虑公司还不具备哪些新的核心能力，需要在短时间内建立等。

这个图谱还可以横向地进行观察，看看哪些能力可以作为单独的第三方服务输出（见图 3-14）。IT 系统、物流和服务能力都是不错的候选项，尤其是第三方物流和服务，当时市场相对空白，可深入探讨新业务拓展的可行性。

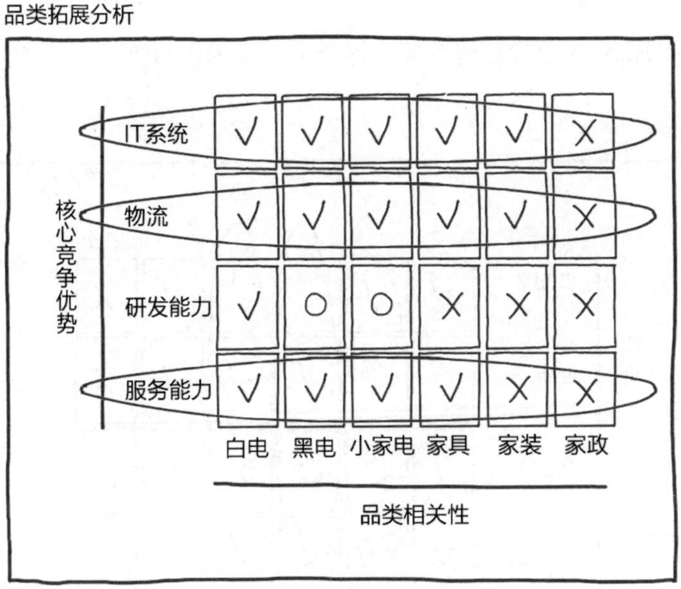


图 3–14　H 公司的品类拓展分析初步调研结果 2

在该白电企业品类拓展的案例中，团队创作的品类拓展分析图谱是很好的拓展战略讨论的起点。这个框架不但把复杂而笼统的拓展问题分解成有讨论价值的具体模块，其 MECE 结构还起到了确保管理者从全局出发，无遗漏地讨论所有相邻相近相关的拓展机会。品类拓展分析图谱是个不折不扣的有战略意义的关键图谱。

### 3.3.2 MECE 原则与创造力

未来已来，它们只是不平均地躲藏在现实中。

——威廉·吉布森

诺贝尔奖获得者斯伯里（Roger W. Sperry）早在 20 世纪 70 年代就发现大脑左脑和右脑有不同分工。后来，学者进一步确认右脑更多地用于创造力相关的工作，比如音乐、颜色、直觉和图像认知等，而左脑则多用于逻辑推理，也包括语言、数字等处理。在此基础上，有学者提出著名的“左脑 vs 右脑”的理论，大意是右脑思维者擅长创造力，比如艺术家；而左脑思维者擅长逻辑和数字，很多科学家自然而然就落入这个范畴（见图 3-15）。

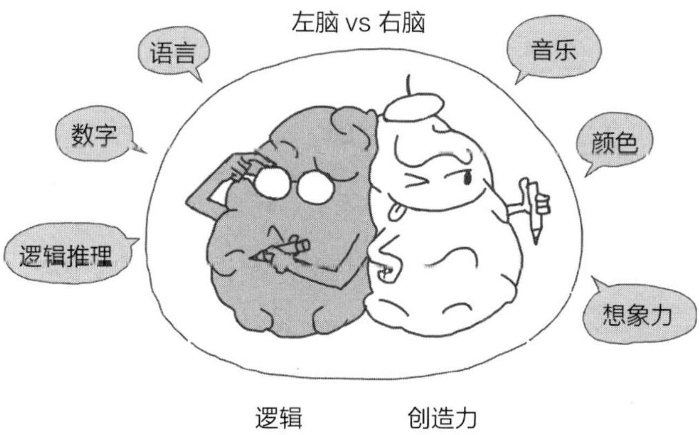


图 3-15 “左脑 vs 右脑”理论

也许大家不知道，“左脑 vs 右脑”理论，尤其是用脑左右偏重的说法，在 20 世纪末就被实验证明是不准确的。虽然人脑分区在功能上有差别，但人们在用脑的时候基本是平均利用左右脑的。

在犹他州大学的最近研究中，超过 1 000 人参与了左右脑应用习惯的测试。研究结果显示，尽管有些时候大脑的活动会在某一部分关键区域更活跃，但从平均值来看，两边大脑应用的活跃度在实质上是相同的。

结构化战略思维是一种逻辑思考的方法。虽然逻辑思考大多时候发生在左脑，和创造力存在于不同脑分区，但是它们之间不但不对立冲突，反而相辅相成。

逻辑性甚至可能会催生反常规的创造性思路。如前所述，结构化战略思维如果用得正确，就是强制思考者脱离大脑快速思考的思维定式的严谨思考方法，要求大家先 MECE 全面地看待所有可能解决方案。在一定程度上，“切”和 MECE 原则是突破性思维行之有效的实用抓手。

**示例：台风天离开上海**

这里以我个人以 MECE 原则为抓手创造性地解决实际问题的事件为例。

2019 年 8 月初，年度最强台风利奇马从南向北登陆长江三角洲，导致上海地区所有飞机停飞和半数高铁停运。8 月 9 日还在上海的我需要在 2 天后，也就是 11 日早晨，抵达深圳参加重要会议。为了确保此次行程顺利，我很早就预定了 8 月 9 日晚的动车，这样 10 日凌晨可以到达深圳。可出乎意料的事情发生了，8 月 9 日晚我到达虹桥火车站的时候，外面已经狂风大作、大雨瓢泼，我预定的南下深圳的动车因天气原因取消了！而且台风刚刚登陆，第二天风只会更大。如何才能确保 11 号到达深圳？

8 月 9 日晚上 8 点我在虹桥火车站排队退动车车票，当时需要快速生成一个有效的行动计划以确保我在 11 日前抵达深圳。

当时 MECE 分析的逻辑如图 3-16 所示：上海到深圳的交通工具按 MECE

原则分为飞机、火车、汽车和船舶。船舶速度慢，不能如期抵达，排除。汽车路线不常用，可作为备选但暂不考虑在解决方案中。首选是飞机和火车，如果都不行的时候，汽车可以作为替补计划进一步分析。

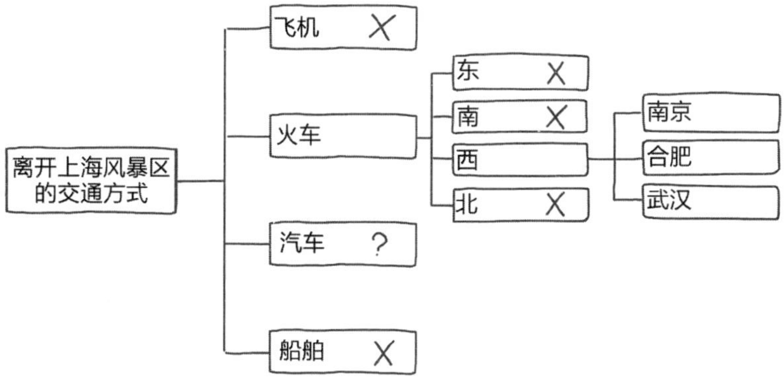

图 3-16　交通选项 MECE 分析图

火车和飞机二者有成功概率的先后顺序。由于火车抗天气变化因素的能力强，如果火车或高铁都不能开出上海，飞机也肯定不能顺利起飞。按照行程成功的保险系数排序，火车作为最保险的出行工具，被列为首选。也就是说，在当时的天气情况下的首选是火车，汽车作为备选。就完成了第一层离开上海的交通工具的 MECE 分析。

第二层分析可以分析出发的方向。从上海去深圳是南下，但其实只要离开台风影响的城市，飞机或火车都可以成为南下的主要交通方式。以火车站点为例，需要分析火车离开上海台风区的方向上的选择。在大方向上有东西南北四个选项。往东是海洋，排除。由于台风自南向北吹，当时往南和往北开的列车都取消了，也排除。那唯一的可能性是向西走。只要离台风区足够远，就可以坐飞机或火车南下。

根据对“西”这个第三层方向选项的分析，很快罗列了往西的大城市：南京、合肥和武汉等。南京离上海比较近，恐怕也会受台风影响，和合肥相比，武汉具有更多的交通枢纽，预计会有更多机票选择。

最终决策：选择动车或高铁去武汉。

有了这个决策，我立即在手机上查了一下当天和第二天从上海虹桥去武汉汉口的高铁或动车。当天的票已经售空，第二天有两列动车而且有票。保险起见，我购买了 2 张不同车次的车票。接着又根据列车到达武汉的时间，定了从武汉到深圳的直飞机票。

用 MECE 切分方法，我在排队到窗口办理退票手续的 15 分钟里就制订出了详细的路程规划。在退票的同时我就顺利领取了 2 张第二天不同时间段的向西开往武汉的火车票。

8 月 10 日，预料中的情形发生了：台风更加猛烈，所有飞机和所有向北和向南的列车都停运。但我西去武汉的列车却稳稳地如期驶出上海虹桥火车站。几小时后到达武汉的时候，我已经远离台风影响区域，武汉阳光明媚。我退了第二张备用的火车票和飞机票，乘坐武汉到深圳的直飞航班于 10 日下午抵达深圳。

8 月 11 日那天，我成为会议中唯一从上海来的参会者，而其他准备从上海来的参会者都因天气原因没有抵达。天气原因听起来是非常合理的解释，毕竟所有航班都取消了，可善于解决问题的思辨者永远不会把“不”当成最终答案。

在这个真实的案例里，我把 MECE“切”的方法运用到解决实际问题中，快速地生成解决方案。其实这个方案还有其他引申解法。比如，也可以考虑一下汽车的可能性。如果第二天火车也取消，可探究一下租车离开上海的安全性和可行性。此次用 MECE 原则创造性地解决问题，是用理性逻辑排查所有可能性，不拘一格地寻找答案的例子。

有人会提出疑问：有经验的旅行者都会明白类似的“曲线救国”的方法，火车转飞机的方案并没有什么特别。需要指出的是，结构化战略思维得出的方案往往和经验导向得出的最佳方案有异曲同工之妙。不同的是，结构化战略思维方法可以让我们在第一次遇到这种情况时，就很快地找到接近最佳的解决方案。

这种“一次就正确”的快速应变完全不同于失败几次后摸索出来的经验总结。商场如战场，市场对“试错”的容忍度越来越低。职场上也是如此。如今在职场上，“失败”不一定是“成功之母”，顺风顺水的职业经理人很可能在第一次重大失败中就丧失关键机会，甚至丢掉饭碗并被打上“不称职”的标签而一蹶不振。

**示例：人机交互的下一个“大事件”**

结构化战略思维方法不仅可以对已有问题进行分解并找到解决方案，甚至还能对未来发展趋势做出极具前瞻性的预测，给产品研发带来启发。

以苹果手机为例。当年乔布斯带领苹果团队创造性地应用触屏科技开启了移动端革命。苹果在手机行业首次大规模商用电容触摸屏，外加苹果简约优雅的设计和便捷的应用，iPad 和 iPhone 在很长一段时间里独占移动端千亿美元市场。大家公认这场战役的拐点是苹果对触屏的商业化。

可我要说，我们可以利用结构化战略思维方法提前“看到”触屏应用的场景，甚至可以预测下一轮手机“创新”可能来自何方。

听着似乎有点夸张。事后诸葛容易做，但我们又不是自带水晶球的魔法师，如何预测未来？其实，未来已来，思辨者并不需要有神奇的预测能力，只需要用理性的大脑进行结构化的“切”分，探究并穷尽所有可能性即可。当结构化分析真的穷尽了所有可能，那过去、现在和未来的所有解决方案都应该如实地毫无保留地展现在我们面前。

触屏是人机交互（Human–Computer Interaction 或 Human–Machine Interaction，简称 HCI 或 HMI）的一种，就是人控制、操作计算机或机械的方法。那么问题来了：人在进行人机交互时，有哪些器官或部位可以用来对计算机或机械进行精准地操控（见图 3-17）？

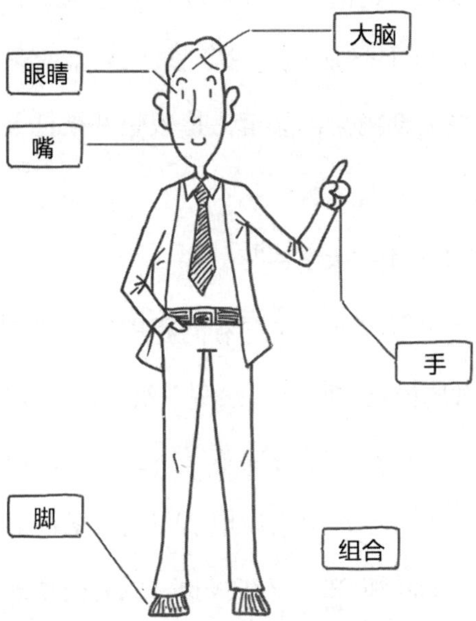


图 3–17　可以进行人机交互的器官或部位

首先看看精准操控的定义。何为精准操控？在控制计算机时，要给计算机相对准确的指令，比如鼠标上、下、左、右的滑动，因此需要能持续性精准完成基础指令的器官完成这一操作。在这一操作中，眼睛就是合格的器官，可以精准控制眼球的动作，让这个动作成为人机互动指令的依据，而心脏或其他内脏就不太适合。虽然可以通过情绪和运动引导心跳速度，但延后性和粗糙的精准度会影响人机交互的质量。只有在特定场合下，心脏才可以作为发出指令的器官，例如心脏的低速跳动可以诱发起搏器的运行。

结构化“切”分之后，我们可以粗略地得出第一层人机交互的可用器官或部位的名录：大脑、眼睛、嘴、手、脚和几个部位的组合。再往下一层“挖”，有些器官或部位可以按照互动方式做细分，比如最灵活的手的互动方式就可以分为触摸（温度）、按压（压力）、动作（如挥动）等。嘴也是个多才多艺的器官，互动方式有声音、气流和舌部动作等。

为了简化分析，“切”到第二层时，可以把已有的科技应用与器官或部位的交互方式相匹配（见图 3-18）。比如，苹果手机的触屏属于人 – 手 – 触摸。常见的汽车驾驶是手脚动作的组合。最近包括哈佛大学在内的多家研究机构已经研发出用脑电波控制无人机的黑科技，是人 – 大脑 – 脑电波的操控。

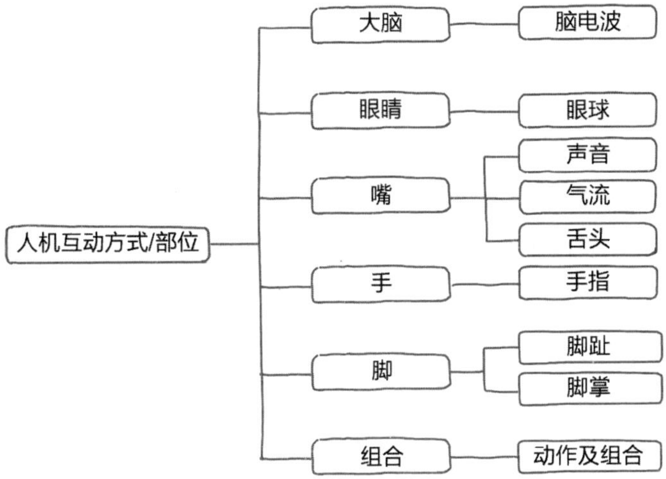


图 3–18　人机互动方式 / 器官或部位

按 MECE 原则的要求，结构化分析应该穷尽所有可能。换句话说，在现有对人体的认知的限制下，过去、现在和未来的所有解决方案的可能性都应该毫无例外地被囊括在分析中。

不妨天马行空地头脑风暴未来人机交互的新的可能性。首先看看大脑。随着对人脑的了解的深入，脑电波甚至人类意识本身应该是科技发展最前沿的焦点。大脑作为人机交互的器官在应用方式上会被更深层地挖掘，用脑电波控制无人机的黑科技已经实现，那么“心想事成”真的是指日可待。

再看看其他器官选项，尤其是那些没有被完全开发利用的。或许我们会因为 MECE 的初步分析得出关于新的产品设计的启发。

“懒惰的脚趾头”就很具有开发的潜力。脚作为人机交互的部位已经被运用多年，但大多只限于力量比较大的机械操作，如开汽车时踩离合器和刹车等。脚趾头的灵活度虽然比手指差，但仍然有做“细活”的潜质。对鼠标的基本操控如点击和上下滑动，脚趾头完全可以胜任，我初步判断脚趾头绝对是人机互动领域没有开采的“金矿”。

我们顺藤摸瓜、再接再厉甚至可以生成一个创新级的应用 / 产品，暂且将之称为“鼠标鞋 / 袜”——以脚趾挤压和滑动等动作为信号基础，利用 IOT 物联网传感器收集并无线传输（如蓝牙技术）人机互动指令，从而发明可用来操控手机的物联网鞋子和袜子！

设想以下场景：互联网精英小白先生，上班高峰期在北京某地铁中被挤得几乎窒息。此刻，虽然小白的左手已经被旁边的乘客卡住，动弹不得，可他依然从容地用右手拿着自己的手机，淡定地浏览网络新闻、逛购物网站。右手只负责端着手机，可手机屏幕却神奇地、自如地翻页、上下拉动和应用跳转。究竟是怎么回事？原来小白先生正在使用新款“鼠标鞋”，通过脚趾头运动控制手机。旁边同样被挤得难以动弹的乘客们无不投来羡慕的目光……

这样，结构化战略思维分析激发了创造的灵感，提供了关键的研发思路，并帮助我们预见到产品化的应用场景。除了脚趾，灵活的舌头也可以是人机互动的基础，大家可以按照同样的思路头脑风暴，此处就不赘述了。

结构化战略思维分析的奇妙之处还在于这种分析具有跨越时空的稳定性。除非人类进化突变，具有更多便于操纵机器的器官，否则无论是在 10 年前、现在，或者 10 年后做人机互动方式的分析，从逻辑层面推演出来的结果应该都是相似的。

用 MECE 切分的方法可以在逻辑层面预测未来。再次体会一下美国著名科幻作家威廉·吉布森（William Gibson）的那句名言：“未来已来，它们只是不平均地躲藏在现实中。”

你看到了吗？

## 3.4　原则 4：假设为前提

我一直努力地保持头脑清醒，一旦事实证明错误，我就能够放弃任何假设，不管我多么喜欢这个假设。

——达尔文

假设是有依据的猜测。“假设为前提”是在决策过程中根据已有的有限数据先提出问题动因或解法的假想，然后以该假想为标靶收集足够的数据证真或证伪；如果收集的数据并不能完全支持已提出的初步假想，就要及时调整假想或提出新的假想，然后再次收集足够的数据进行验证，进而形成一个从假设到验证的循环，如此反复直至假想被数据支持成为洞见。

图 3-19　缺乏验证的拍脑袋

“大胆假设，仔细求证”也是现代科学的原则。后续将介绍的新麦肯锡五步法中，有两个重要的步骤是提出假设和验证假设，而结构化战略分析就是对这两个步骤的反复循环深入。相关内容将在后文的新麦肯锡五步法中做详细介绍。

“假设为前提”是结构化战略思维方法论的核心原则，与大家熟悉的经验为导向的自下而上的方法论有天壤之别。由于假设为前提有悖于常规思考模式，在组织层面的落实面临更大的挑战。企业需要在组织内部建立相应的体系化支持，并从核心管理层开始长时间持续贯彻。

公司层面体系化支持包含 3 个方面：组织、流程和文化。

在组织上，至少在项目层面，要保持相对扁平的决策架构和少而精的团队构成。大多数公司的管理等级是多层级的，可以在微观项目层面营造扁平化的氛围；项目组人数不要过多，可以借鉴咨询公司战略项目 3~5 人的人员构成和运作方式；营造平等参与的氛围，组员在参与头脑风暴，尤其是提出假设阶段，人人平等。

在流程上要形成从提出假设到验证假设的闭环，确保每个假设都有指定的负责人验证并及时反馈进展。新假设产生之后也要在内部及时沟通。在激励机制上，要鼓励参与，对在头脑风暴中做出突出贡献的成员进行嘉奖。

最后，要逐渐形成“对事不对人”的公司文化。在平等的原则下，有效地把个人和所提出的意见分开；讨论时更聚焦数据和逻辑，而不是个人自尊或私人关系。可以运用本书所介绍的概念和术语规范内部交流，比如“你的观点缺少‘数字’”“这些论据并不符合 MECE 原则”等。

在组织、流程和文化层面贯彻“假设为前提”的原则需要公司决策人，尤其是 CEO 的大力支持和推进，而且需要长时间积累。在等级森严的组织里，头衔、知识权威、派系和自尊心等多重因素掺杂在一起，成为贯彻原则的阻碍。比如，CEO 提出的假设无须验证就会成为公司的长期战略，而同样的想法如果来自一般职员，则被轻视甚至被嘲讽。

相比之下，“假设为前提”的原则在个人层面的应用受外部的影响程度相对小，而组织是由许多个体组成的，因此，组织内部个体的思辨能力提升会逐渐加强组织整体的科学决策。个人应用“假设为前提”原则时，要努力将个人喜好和倾向剥离，真正客观公正地进行验证假设。正如达尔文所说，“一旦事实证明错误，我就能够放弃任何假设，不管我多么喜欢这个假设”。如果公司管理层中的每个人都具备类似的心态，公司就向科学决策和管理迈出了坚实的第一步。

综上，本章讲述的结构化战略思维四大原则超越了麦肯锡五步法等具体实施技巧与方法，是结构化战略思维的指导原则，具有普适性，可用来指导思辨者的日常生活和工作。

结构化战略思维四大原则同时也是现代科学的核心，具有理性科学的先进性。现代科学建立在实验科学基础上，同样是强调“数字”和“逻辑”并鼓励“大胆假设，仔细求证”的。

以宇宙科学为例，起初，宇宙观限于依靠观察而形成的各种假想。从两千多年前亚里士多德的“地心说”、16 世纪哥白尼的“日心说”，到开普勒的“椭圆形轨迹”，都是没有得到完美验证的假设。只有到了近现代，从牛顿的万有引力定律、爱因斯坦相对论和后来的宇宙大爆炸学说，再到当代科学家的最新研究，才是用数字和逻辑以及实验科学的方法反复验证又不断提出新的假设的求索过程。

下篇 THE SECOND PART

# 结构化战略思维的应用

第 4 章

# 新麦肯锡五步法：结构化战略思维的综合运用

永远不要派人类来做机器的工作。

——《黑客帝国》

日益智能化的机器正在最大限度地将人们从简单而重复的工作中释放出来。随着人工智能和计算能力的飞速发展，在不远的将来，所有能流程化、标准化和有所谓“正确答案”的岗位都可以也必将被机器取代。人类则应该逐渐聚焦于更复杂、更具挑战和更需要创造力的“更人类”的工作中。

跟人工智能程序一样，人类也必须加快自身的“升级”迎接时代的挑战。本书的下篇，会着重介绍结构化战略思维的综合运用，也就是新麦肯锡五步法。在完整地、系统地掌握了这套结构化战略思维和其实施方法之后，经过不懈的揣摩和练习，希望大家都能在一定程度上完成自我升级，更有信心和能力引领这个全新的 VUCA 时代。

## 新麦肯锡五步法

关于麦肯锡方法论及实践，许多在麦肯锡咨询有一定工作经验的“毕业生”们会结合自身实践总结出各种实用的方法，并将这些方法整理成书。知名的工具类书籍有美国前麦肯锡咨询师艾森·拉塞尔（Ethan M. Rasiel）写过的《麦肯锡方法》（*The McKinsey Way*），从思考、工作和汇报三个阶段来阐述，偏重思维方式和工作方法的改变。还有前麦肯锡咨询师芭芭拉·明托（Barbara Minto）的《金字塔原理》（*The Pyramid Principle*），偏重分析性报告撰写的方法。麦肯锡内部的麦肯锡学院（McKinsey Academy）倡导“七步成诗”法则，聚焦具体问题的细节拆解和解决。“七步成诗”的步骤分别是问题描述、问题分解、问题规划、信息整理、分析和论证、建议的提出和方案的表达。

本章开始介绍的新麦肯锡五步法与这些工具和框架同源，是一个在麦肯锡方法的基础上进行了适当调整，更多地从战略项目管理和实施的视角，提供端到端的管理战略问题解决的工具。常见的企业战略问题有企业发展战略、新产品战略、拓展战略和市场进入战略等，每一个问题都会被麦肯锡视为一个战略项目，麦肯锡咨询师的主要工作就是解决这些战略项目问题。而这些解决战略项目问题的方法和流程就非常值得学习和借鉴。

先了解一下麦肯锡在解决战略项目时的基本配置。

面对大多数战略项目，麦肯锡通常会派遣一支3~5人组成的咨询师小组，用8~10周的时间完成。在团队构成上，这3~5人的团队由一个核心的项目组长EM（Engagement Manager）负责带领2~3名组员；同时会有1名合伙人级别的咨询师指导，把控项目方向和进展，并引领与客户高层互动。在大多数情况下，团队成员对项目所涉及的具体业务并无可复制的专业经验，如果有需要，公司会指派内部或外部专家为项目做专业知识上的支持。

新麦肯锡五步法从项目管理的角度，串起战略项目解决从开始到交付的5个关键步骤：定义问题、结构化分析、提出假设、验证假设和交付（见图4-1）。

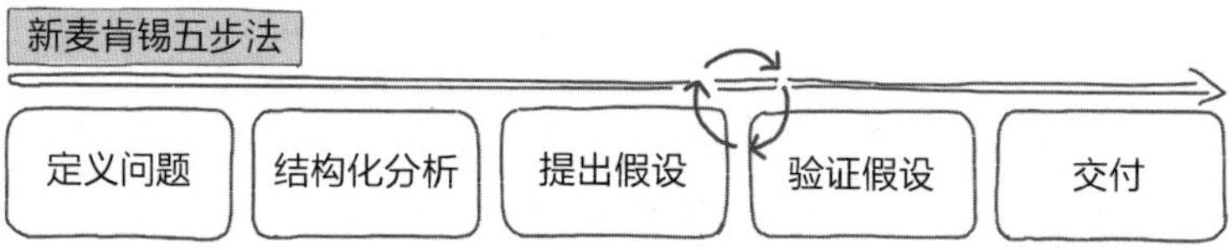


图 4-1　新麦肯锡五步法

在新麦肯锡五步法的实践过程中，前文所述维度“切”和结构化战略思维四大原则贯穿其中。“五步法”的前两步，即定义问题、结构化分析，涵盖了 MECE 原则指引下的“切”和纵深分解的“挖”。第三步提出假设与结构化战略思维四大原则中的“假设为前提”如出一辙。而第四步验证假设和相关的包括实地调研在内的落地方法与结构化战略思维四大原则中的“数字说话”和“洞见优于表象”息息相关。第五步交付则更偏重于高效商务交流，这一部分会着重介绍各种高效商务交流的原则和技巧。

在一个 8~10 周的战略项目中，第 1 周小组成员的核心工作内容就是新麦肯锡五步法的前两步（定义问题、结构化分析），团队会根据分析结果生成对本次战略项目的“第一天的答案和第一周的答案”（这也是提出初步假设的步骤）。在项目剩余的大部分时间（第 2~7 周或第 9 周）内，团队主要完成提出假设和验证假设以及提出新假设和验证新假设的循环。如果一切顺利，团队会在项目的最后一周（第 8 周或第 10 周）进行最后成果展示的准备和项目的最终交付。

后续的章节将逐一介绍新麦肯锡五步法的各个步骤。

# 第 5 章

# 第一步：定义问题

## 5.1 对问题本身的推敲是思辨者的行为特色

顾名思义，定义问题就是把问题的定义和边界弄明白，回答“我们到底在解决什么问题”之问，这几乎是所有问题解决方法论的第一步，也是最重要的困难一步（见图 5-1）。定义问题的最终产物应该是一个清晰的问题陈述。很多时候，如果可以精准地把问题定义清楚，离找到问题真正的解法也就不远了。

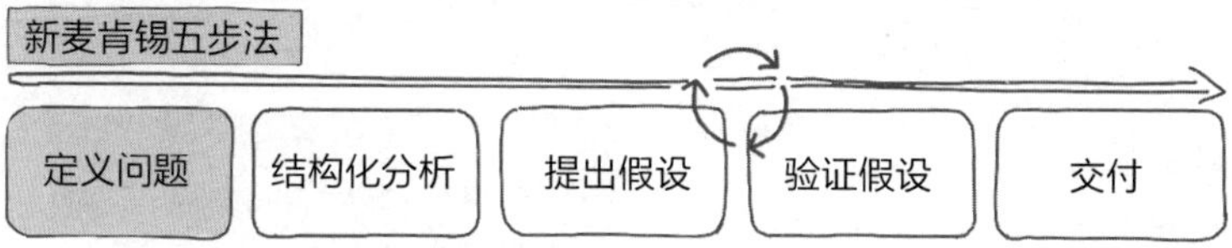


图 5-1　第一步：定义问题

在日常工作中，面对棘手的问题时，人们常处于一种亢奋的“救火状态”，惯性地急于着手解决眼前的问题。而定义问题这个步骤，甚至连同后续的分析和验证等，都通常因“没时间”而被忽略，直接进入交付或解决的步骤。很多人错误地认为定义问题简单而直接，不值得投入过多的精力。然而，定义问题对从根本上解决问题具有重大指导意义。问题定义出现偏差将直接导致其他步骤出现偏差，最终答非所问或解决了错误的问题。

是否专注于定义问题是具有大局观的战略思维与经验导向的专家思维的重要区别，定义问题也是思辨者的鲜明特色。通过下述“敲钉子”的故事，两种不同思维方式的区别就一目了然了。

**示例：敲钉子的故事**

假设一位客户想外包一个简单的任务——将一根钉子敲入木板中。客户找来了 D 公司和 M 公司，想了解各自的解决方案。

D 公司是行业中有名的专业咨询公司，公司里有很多敲钉子的专家。D 公司的方案一般是这样展示，在仔细观察了钉子和板子之后，D 公司的销售代表直奔主题，不无夸张地说：

“这个项目我们不光能做，D 公司简直就是为这类项目而生的！”

销售代表从“为什么是我们”开始并以此为中心展开陈述：“我们 D 公司采取世界领先的 X 技术敲钉子，拥有世界最大且材质最坚硬的锤子。我们人员的手臂最有力，锤子按照符合力学原理的完美运动轨迹落下，保证多快好省地一锤定音（钉子）。”在展示的最后，D 公司销售代表会提供以前 100 次成功敲钉子的案例，然后低声说：“老客户有折扣。”

客户听得频频点头：D 公司的方案有历史数据支持，能够直接解决问题而且经济实惠。

轮到 M 公司了，这是一家战略咨询公司，公司并没有派销售代表，只派了一位年轻合伙人。M 公司的合伙人连钉子都没看，开口就问了一个问题：

“我们为什么要敲这个钉子？”

语惊四座！毕竟“甲方为王”的时代，谁敢对客户的想法产生疑问？！

但毕竟 M 公司合伙人背景光鲜亮丽，在行业里具有一定的威信，因此问题还是要回答的。

客户回答："我们要把板子 A 和板子 B 连接起来。"

M 公司合伙人追问："为什么要连接起来？"

客户回答："我们要做一把椅子。"

合伙人接着发问："为什么要做一把椅子？"

客户有点不耐烦，回答："我们要用椅子在新建的会议室里接待客人。"

询问至此，M 公司合伙人停止发问，陷入片刻的思考。经过三个连续"为什么"，他已经更多地了解到客户敲钉子的真正原因和诉求。客户敲钉子要解决的问题并不是连接木板，也不只是做椅子，而是要解决"在会议室待客用什么服务硬件"的问题。

M 公司合伙人和客户接下来的对话都围绕着用户群体画像和主要诉求、刚需进行。有多少因素能使宾客在会议室感觉舒适？是文化、舒适度、仪式感或便捷等显性诉求，还是更为隐晦的奢华感等心理满足？宾客对会议室硬件的要求是什么？

初步与客户讨论需求之后，M 公司合伙人会站在全球视野看待问题，与客户分享自己涉猎的具有国际视野的相关方案。会议室的坐具除了椅子之外，还有很多可选方案，比如日本的榻榻米、韩国的坐垫、因纽特人铺在地上的兽皮、欧美复古家具或现代简约沙发等，当然肯定离不开富含中国元素的庄重典雅的木制座椅，还有带有浓重地方特色的解决方案，如东北火炕等。如果时间允许，M 公司合伙人还会谈谈未来的趋势。

当然，这些都还只是假设，要想真正了解客户特定的需求，M 公司合伙人还会建议客户做一个战略项目。

本来信心满满的客户在听完 M 公司合伙人的讲解之后，有点焦虑。他开始认识到隐藏在“敲钉子”后面的真正的核心问题，陷入了沉思。

通过这个“敲钉子”的故事，不难发现专家思维和战略思维在“定义问题”上的区别。战略思维从全局高度把握问题的准确性，重点在于“为什么——解决什么问题”，并不聚焦“怎么做——实施的细节”。专家思维则往往把“为什么——解决什么的问题”当成已知，而侧重“怎么做——实施的细节”以及成果输出，比如“用什么方法、以什么速度和价格，在限定时间内敲钉子”。因此，在项目初期，战略思维更注重需求端的逻辑，而专家思维十分注重过往经验、专业和最佳解决方案。

战略思维和专家思维没有对错和高低之分，在不同的应用场景都有各自的优势。战略思维是在“做”之前，强迫当事人跳出思维定式和实施细节，从全局和需求角度考虑问题并定义问题本身，是强调理性“想”的思维；专家思维是凭借过往经验和专业知识，“专业的人做专业的事儿”，聚焦落地实施“做”的思路。

战略思维有什么价值？在“敲钉子”的虚拟案例中，客户要做的那把“椅子”可以代表现实生活中世界 500 强公司正在研发的下一代新产品。如果产品选型在战略方向存在偏差，公司就会浪费巨大的资源，同时也会丧失宝贵的市场机会窗口。战略思维的价值在于在新产品大面积量产之前（甚至在设计阶段）提出关键性问题，引导决策人从用户刚需角度出发重新思考和定义问题，以避免耗费几亿甚至几十亿生产一个市场并不认同的产品而造成巨大的损失。

战略思维的价值还在于刺激企业管理层重新审视产品逻辑，从产品本位回归需求本位。产品本位是成功的大企业中较为常见的产品逻辑，是指决策过度依赖产品优势，单纯从产品本身思考，而忽视以市场需求为导向的逻辑。“本公司产品具有各种优势，所以必然会受到市场的欢迎”，这是比较明显的产品本位的逻辑。案例中 M 公司合伙人的一连串“为什么”实质上是在引导企业高管从需求视角重新看待自己的产品。

现实中较成功的企业容易对曾经辉煌的拳头产品产生强烈的“怀旧”情结。然而，随着市场的变化，过去的成功和思维定式反而会阻碍企业对新需求的关注。当产品本位（而不是需求本位）思维占了主流，产品战略在方向上就容易出现偏差，过度偏重已有产品逻辑而忽视新的需求。这时，战略思维会帮助管理者从需求和大局角度考虑，顺应市场，及时调整产品逻辑，延续往日的辉煌。

## 5.2 定义正确问题的衡量标准

如何衡量是否“定义了正确的问题”？最直接的衡量标准就是，当这个正确的问题被解决后，相关的所有问题也会得到完全解决而没有后遗症。定义了正确的问题后，着手解决这个问题时就会发现问题表象发生了根本性的改变。被影响的人会在深层行为上发生变化，从而使问题完全得到解决，而不是“拆了东墙补西墙”的暂时缓解。

关于如何验证“定义问题”的正确性，再举个生活中的例子。

**示例：太太的“灵魂拷问”**

假设我的太太十分喜欢名牌包。俗话说“包治百病”，很多女人都喜欢包。喜欢就要去买，而她每次去线下购物都要拉着我，让我做参谋。看到自己心仪的新款包时，这位太太总拿着同款但不同颜色的两个包包真诚地问：“亲爱的，我应该买哪个呢？”

这时我总摆出喜怒不形于色的“扑克脸”，想利用沉默破局，但最终总是失败。按照新麦肯锡五步法，第一步是定义问题。太太究竟要解决什么问题？

假设“两个包买哪个”是要解决的问题，我在脑海中快速地分析了所有可能性，发现这是个无解的问题！问题答案排列组合无非是“A 包”“B 包”“A 和 B 都买”以及“都不买”。实践证明，所有答案都有“后遗症”，没有一个答案是完美的。我也曾经以为“A 和 B 都买”慷慨暖心，但结果往往是两个包都买了之后，除了荷包受损，还会被太太埋怨当时没有坚决制止她的冲动消费行为，造成浪费。

男人有多不容易！

由此看来，“两个包买哪个”应该不是真正的问题。定义问题要求我们控制住立刻解决问题的冲动，试图去探究和理解表层问题背后的其他深层次的动因。于是我开始思考自己在整个购买行为中的作用，也更宏观、更全面地看太太买包的决策因素。

有一天，灵感的“灯泡”亮了。我发现在太太的财务世界里，钱分成两类：“自己的钱”和“别人的钱”。对于自己的钱，她在消费上十分有规划且自律，但对别人的钱，处置起来就比较随意。而我的钱不幸地被归在“别人的钱”的范畴。这也解释了为什么我总被卷入买包流程以及被各种“灵魂拷问”——并不是因为我有品位，而只是因为我是个“金主”。

那真正要解决的问题到底是什么？不是“买哪个包”，而是“如何让太太认为我的钱就是她自己的钱”。当问题被重新定义，解法也就相对简单：上交工资卡或合并账户等。

在这些工作都完成了之后，神奇的事情发生了：我的太太再也不要求我去商场陪她买包，再也没有“买哪个包”之类的问题来烦扰我。她开始制定买包的预算并跟我商量每年预算的上限。至于买哪个包，她心里早就有判断。

如前所述，是否正确定义问题没有具体的衡量标准，正确定义问题会让人们做出针对正确问题的深层行为的根本改变，从而使问题完全得到解决。

工作场景中也一样，经常见到管理者处于“救火”的状态，忙于解决各种具体问题。当我们习惯性地快速落实短期方案而没有理解表层问题背后真实的问题时，就很容易会出现“按下葫芦浮起瓢”的窘境。有时甚至会因方向错误而南辕北辙，无功而返。

鉴于定义问题的重要性，及时让上级或需求方参与并提供反馈至关重要，这也要求我们具备一定的“管理上级”的艺术。《哈佛商业评论》的《向上管理：如何与老板相处》（*Managing Up——Best Practices for Interacting with Your Boss*）一文提出 4 点建议加速共识达成：让决策人深入参与讨论过程、把决策拆分成具体步骤并落实初期的任务、建立信任、反复沟通。而当我们遇到犹豫不决的领导时，文章还鼓励我们要做那个“义无反顾的灵魂”，感召决策人立即行动以完成新麦肯锡五步法的第一步——定义问题。

完成了问题定义战略方向性的相关拷问并得到上级或需求方认可后，还要仔细思考问题背景、成功标准、问题边界、限制条件、重要相关人和可调配资源这六大方面的细节，更好地为后续的问题解决做充分准备。这里介绍一个“问题定义工具箱”（见图 5-2），在确认问题方向后，该工具可用于指导团队在细节层面精准把握问题定义的框架。

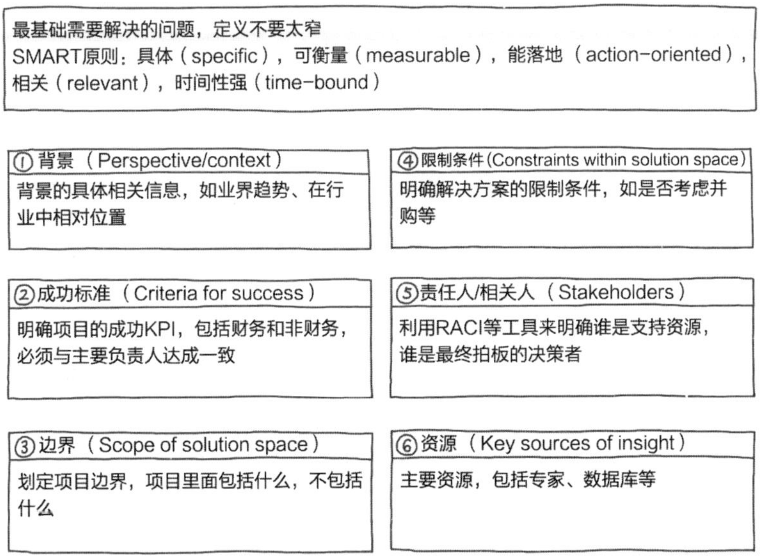


图 5–2　问题定义工具箱

在定义问题时，第一步要摸清问题的大背景，从全局角度看待这个具体问题。比如，这个问题出现时市场需求的变化、竞品的模式和成绩、有无创新性的科技潮流或替代品等。这些都有利于将问题复位到大的商业背景中，而不再孤立地看待问题。对问题上下文的探究，有时会启发洞见的产生甚至引发对问题本身的重新定义。

第二步要定义成功解决问题的最终验证标准。验证的标准可以是财务上的指标，比如三年内收入增长 100%；也可以是非财务的，比如品牌市场影响力一年内达到品类前三。具体且可衡量的验证标准不光有利于项目最终的验收，还能给团队一个具体的便于在工作上进行协同的方向，为问题的最终解决奠定良好基础。

第三步是明确问题的边界。项目管理十分重视“项目范围管理”，因为在解决问题的过程中稍不留意，问题的范围就会悄然变化，也就是"范围蔓延"（Scope Creep）。问题或项目范围的经常变化会直接导致团队缺乏聚焦，也会造成解决问题的周期超长，资源管理失控。明确问题边界要与主要的相关方进行商榷并确认，如果是解决工作中的问题，强烈建议将达成的共识记录并存档。

第四步是弄清楚解决问题时的限制条件。应用前文所述的 MECE 原则，通过头脑风暴，可以形成一个潜在方法的清单，彼此独立不重叠且穷尽地解决问题。但现实中并不是所有方案假设都能被接受，所以在定义问题时就要明确解决问题的制约因素。比如，要解决"三年内收入增长 100%"的问题，除了企业本身的自然增长，能否通过收购等方法利用资本杠杆提升收入？能否通过财务变通，如财务并表或调整收入确认的方法快速达到既定目标？这些都是问题定义中需要明确的不可缺少的限制条件。

第五步需要明确问题解决的相关人员和责任人。解决复杂问题一定需要团队协作，甚至调动外部力量。关于相关人员的归类，可以借鉴项目管理的经典"责任矩阵 RACI"。责任矩阵将相关人员分为四类：R 责任人、A 负责人、C 被咨询人和 I 被通知人。弄清了问题解决的相关人员，在后续的分析和解决的过程中，责权就相对清晰，容易追踪问题解决的进展，最广泛地联合各相关方解决关键挑战。

第六步是明确能调配的资源。资源分为内部资源和外部资源。内部资源相对容易调配，但由于问题优先级等制约，定义问题时要明确哪些内部资源可以重度使用，甚至排他地专用一段时间。除了内部资源，还要善于利用外部资源。外部资源包括专家、信息来源（例如专业数据库等）、专业服务商等。对内外互补资源进行结合并充分利用，往往会有助于推动问题解决的进程。

“问题定义工具箱”是个很好用的问题定义工具。这个工具遵循具体、可衡量、能落地、强相关和时间性强的 SMART 原则。在正确定义问题方向后，“问题定义工具箱”可以成体系地梳理问题定义的细节，为新麦肯锡五步法的后四步奠定坚实的基础。

第 6 章

# 第二步：结构化分析

## 6.1 “切”问题是结构化分析问题的核心

在完成第一步“定义问题”之后，紧接着是对确认好的问题进行结构化分析（见图 6-1）。维度和切分是结构化战略思维的核心概念，在第 2 章我们详尽介绍了切分名词和问题的方法和技巧，这里只简单回顾一下，不再展开。

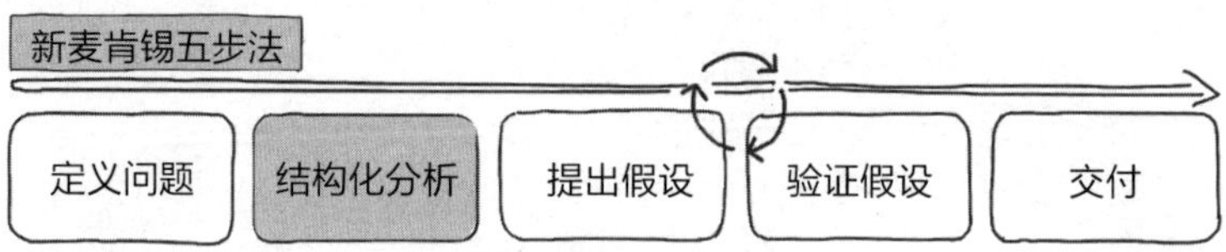


图 6-1　第二步：结构化分析

“切”问题分为 4 种主要的方法：子目录列举法、公式法、流程法和逻辑框架法。不管是对名词还是对问题进行结构化拆分，遵循的原则都是 MECE 原则，并没有本质差别。

在第 3 章结构化战略思维四大原则的 MECE 原则讲解中，有更多关于结构化分析的细节和案例。除了对经典管理学理论图谱的讲解，还有关于原创关键图的制作实例。多维图谱也是结构化战略分析到位的标志性产出之一。

## 6.2　分析问题要小心逻辑陷阱

除了前文阐述的“切”分、MECE 原则和各种单维或多维图谱，结构化分析还要求培养严谨的思维逻辑。

逻辑是结构化分析的必备基础，就算把问题“切”得再好，还是需要通顺而严谨的逻辑来连接。这里介绍几个关于逻辑的基础概念和常犯的一些逻辑错误。

### 6.2.1　归纳法与演绎法

当有部分事实依据时，我们习惯用推理得出初步结论。归纳法和演绎法就是推理的基本方法。

**归纳法**是从“个别”上升到“一般”的方法，即从个别事实中提炼、概括出一般的原理。**演绎法**是从“一般”到“个别”的方法，即从一般原理推理出个别具体的结论。

从定义中可看出，归纳法和演绎法是方向相反的两种逻辑推理方法，但两者又互相依赖、互相渗透、互相促进（见表 6-1）。归纳法通常是演绎法的基础，作为演绎法出发点的一般原理往往是通过归纳法得来的；演绎法是归纳法的前提，为归纳法提供理论指导和论证。

表 6–1　归纳法和演绎法的逻辑对比

| | 归纳法 | 演绎法 |
|---|---|---|
| 方法 | 自下而上 | 自上而下 |
| 依据 | 规律和趋势 | 事实、真相和法则 |
| 过程 | 观察 – 规律 – 假设 – 定律 | 理论 – 假设 – 观察 – 确认 |
| 结构 | 从具体事例到一般规律 | 从一般规律到具体事例 |

例如：我们看到的第一只乌鸦是黑色的，看到第二只乌鸦也是黑色的，直到看到的第 $N$ 只也是黑色的。后来发现，没有见过其他颜色的乌鸦。因此，我们总结：乌鸦都是黑色的。

这是归纳法。

古人云："天下乌鸦一般黑。"学会了这条规则之后，有人说路上见到一只乌鸦，不用去看也可以推断这只乌鸦是黑色的。

这是演绎法。

归纳法不是严谨的科学逻辑，一般使用归纳法时面对的都是理解能力较强的听众，而且谈论的大多是公认的不太会产生异议的观点。在这种情况下，粗枝大叶的归纳法可以勉强过关。我们再讲一个与第二次世界大战有关的故事，因为"德国军队在法国诺曼底集结""英国军队到了诺曼底的海峡对岸""美国军队也到了诺曼底"，所以"诺曼底战役即将打响"。听众已经知道"诺曼底登陆"是第二次世界大战中的著名战役，也就认可了叙述中的归纳逻辑，不会产生强烈的反应。

归纳法容易产生明显的逻辑漏洞。在有限的资源情况下，我们永远无法查看所有可能的个例。选择性地或不成比例地罗列某种情形，归纳法就容易成为误导的工具。比如，某只股票在过去一年表现一直很不稳定，股价上涨的天数和下跌的天数基本持平，综合表现也很平庸。但是分析师完全可以选择性地罗列股价上升的时间节点，粉饰出股票上涨的趋势。类似的以偏概全、经不起推敲的逻辑在现实生活中并不鲜见。

然而，演绎法是自上而下的，也就是从公理推出个体的判断，比归纳法更加严谨和科学。演绎逻辑的基本公式包括以下几种（见图 6-2），可以用一个通俗的例子表示。

MP：如果是乌鸦，就都是黑色的。这只鸟是乌鸦，所以这只鸟是黑色的。

MT：如果是乌鸦，就都是黑色的。这只鸟不是黑色的，所以这只鸟不是乌鸦。

| 命题演算分离规则（MP） | 否定后件律（MT） |
| --- | --- |
| 如果 P，就 Q | 如果 P，就 Q |
| 是 P | 不是 Q |
| 因此，Q | 因此，不是 P |

图 6-2　演绎逻辑经典公式

在以上两个基础模型上还有许多变化，比如命题演算分离规则 MP 就可增强成多重命题演算规则 MMP。如图 6-3 所示，在推演的链条上，MMP 加了一环。还用乌鸦的例子，MMP 就是，如果是乌鸦，就都是黑色的；如果是黑色的，都不吉利。所以，乌鸦不吉利。

多重命题演算分离规则（MMP）
如果 P，就 Q
如果 Q，就 R
P
因此，R

图 6-3　多重命题演算规则 MMP

这些都是符合逻辑的正确演绎法推理。不像归纳法本身就有出现纰漏的可能性，演绎法的错误不在于逻辑推理自身的漏洞，而往往出现在应用层面。具体示例如下。

典型的 MP 逻辑错误：如果是乌鸦，就都是黑色的。这只鸟是黑色的，所以它是乌鸦。

这个错误把 MP 逻辑公式的第二段 Q 和 P 的位置用反了。用成了以下的错误模型：如果 P，就 Q；是 Q，因此 P（正确的推理应该是“P，因此 Q”）。

通常，严谨的商务逻辑推理是用归纳法生成假设，然后仔细科学地验证。只有假设验证成为公理，才能用演绎法来推导对具体个体的判断。

值得一提的是，有些文化重视归纳法，善于总结规律，然而，只有归纳法是远远不够的。只有反复验证并用实验科学的原则来证实，才能成为科学推理的坚实基础。

### 6.2.2　相关关系与因果关系

知道人们为什么对这些信息感兴趣可能是有用的，但这个问题目前并不是很重要。但是，知道“是什么”可以创造点击率，这种洞察力足以重塑很多行业，不仅仅只是电子商务。

——维克托·迈尔－舍恩伯格《大数据时代》

在逻辑推理中，人们常常混淆相关关系（correlation）与因果关系（causation），很多错误因此而生，这里详细讨论一下它们的定义、用途和局限性。

#### 6.2.2.1　定义

某一事物不论是好的还是坏的，只要发生就一定会与某些人或物发生关系。这种关系包含不确定性，只要存在直接或间接的关联，就说明两个事物具有相关关系。从确定性来讲，因果关系比相关关系更明确。因果关系意指有某些事物发生作为起因就一定会有某些结果的发生。

相关关系起初是统计学上的一个概念，是指一个变量变化的同时，另一个变量也会随之发生变化，但不能确定一个变量变化是不是另一个变量变化的原因。比如刮风和下雨通常一起发生，两者有很强的相关性，但不能肯定是谁导致了谁，所以不确定两者是否存在因果关系。

#### 6.2.2.2 相关关系在商业应用中贡献巨大

在大数据和 AI 无处不在的今天，数据科学家对相关关系有了全新的认识和发现，尤其最近几十年，相关关系成为大数据计算的核心算法之一，在市场营销等商业实践中备受追捧。

正如大数据先驱舍恩伯格所说："知道人们为什么对这些信息（因果）感兴趣可能是有用的，但这个问题目前并不是很重要。但是，知道'是什么'（相关性）却可以创造点击率。"大数据分析可以在完全不考虑因果关系的情况下，通过数据点的相关性和其他规律，精准地给出对下一个购买行为的预测分析。

人类大脑和计算机算法之间的人机大战的里程碑战役，发生在 21 世纪初美国亚马逊公司。如今，图书购买推荐已经成为电商营销必备的工具之一。然而，在 2000 年左右，亚马逊的图书销售依然十分依赖于辛勤的编辑人员的人工判断和推荐。当相关性数据预测分析的程序出现时，亚马逊公司决定让编辑团队和计算机程序做个并行的比拼。结果大出人们的预料，当时尚属初级且没有海量数据修正过的分析程序在半年内就"完胜"亚马逊公司信心满满的编辑团队。

另一个相关关系的经典案例是美国零售大户 Target 曾经利用消费者购买数据判断女性消费者的怀孕状态，并通过推送婴儿用品广告等方式进行精准市场营销。不巧的是，某次推荐的消费者是一位未成年女性，而她的父母并不知道她已经怀孕。她的父母在不知情的情况下愤怒地把 Target 公司告上法院，状告商家滥用市场营销的手段骚扰他们家未成年的女儿。当然，后来水落石出，家里未成年的女儿的确怀孕了，这个事件也成了大数据精准营销的极具戏剧性的公关样板。

对企业来说，相关关系大数据算法并不是什么高深莫测的高科技。以Target为例，商家会员卡系统记录了大部分消费者的购物数据并用这些数据分析消费者的购买习惯，通过系列相关性分析进行客户画像分析。如果发现女性消费者突然改变自己的消费习惯并开始新的消费行为，如购买无香的身体乳液，购买一系列如钙、镁和碘等维生素，购买育儿图书或杂志，或者注册了孩子的礼物名单等，商家内部客户管理系统（CRM）就会提升所谓“怀孕预测指数”。一旦指数达到设定标准，公司就会为此类消费者打上标签，并向这类消费者按不同孕期阶段进行促销，一次推送多达20多种孕期产品的介绍或样品。

随着5G时代的到来、物联网的普及、计算机运算速度的提升和成本的降低，相关关系在商业上应用的速度、普及率和准确率都会提升。商家不必纠结“因果”，仅用相关关系就可预测大部分市场营销的需求。比如，美国零售门店经理们只需要知道每逢超级碗（Super Bowl）橄榄球决赛的时候，啤酒和尿不湿会同时卖得好，到那时把这两种货品并列摆放在门口就能卖得更多；每当飓风来临之前，数据告诉我们美式甜饼总会热销，一定要把甜饼备足以保证销售。更多商家直接找来大数据专家用各种算法来挖掘数据，深度分析后更高效地预测消费者下一次购买的行为，立竿见影地提高销售量。

#### 6.2.2.3 因果关系需要严格而烦琐的验证

相对“相关关系”的认知，推导“因果关系”就复杂得多，需要相当的投入才能做到。

最简单的因果关系验证实验需要以下4种可能性矩阵来收集数据（见表6-2）。

表 6–2　实验结果的四种不同组合[1]

| | 结果出现 | 结果未出现 |
|---|---|---|
| 原因出现 | $a$ | $b$ |
| 原因未出现 | $c$ | $d$ |

- 原因出现，结果出现（$a$ 个案例）；
- 原因出现，结果未出现（$b$ 个案例）；
- 原因未出现，结果出现（$c$ 个案例）；
- 原因未出现，结果未出现（$d$ 个案例）。

能严格地控制其他因素，即去掉混淆变量，并把这四套数据收集齐全已经是相当大的挑战了。但是要真正确认因果关系，还要用以下的数学公式来验证。

$$\Delta P=\frac{a}{a+b}-\frac{c}{c+d}$$

如果 $\Delta P$ 的值是零，则完全无相关性；如果 $\Delta P$ 的值是正数，则值越大（总实验次数为上限），因果关系越强；如果 $\Delta P$ 的值是负值，则说明此原因有抑制结果产生的功效。

可以试着套用几个数值来尝试应用这个公式。假设我们做了 200 次实验，其中 100 次有原因出现，这时有 80 次出现了期待的结果，20 次没有出现。另外 100 次实验没有这种原因出现，有 80 次出现了期待的结果，20 次没有出现。

[1] Matute, Helena & Blanco, Fernando & Yarritu, Ion & Díaz-Lago, Marcos & Vadillo, Miguel & Barberia, Itxaso.（2015）. *Illusions of Causality: How They Bias Our Everyday Thinking and How They could be Reduced.*

现在套用公式：　$\Delta P = \frac{80}{80+20} - \frac{80}{80+20} = 0$

在 200 个实验基数上，认定这个特定的原因与结果的出现并无因果关系。这也与观察预判相一致。大家不妨尝试不同的数字组合，观察 $\Delta P$ 的值的变化，并根据 $\Delta P$ 的值推算因果关系的强弱。

在现实生活中，人们面对的往往是更复杂、更难隔离原因因素的场景，比如球队是否赢球就有球队能力、球员动力和俱乐部资源等内部因素的差异，还有对手、天气、运气等外部和不可控因素。不管多么复杂的场景，思辨者都要意识到因果关系的严格要求，摒弃“人云亦云”的惯性思维，认真审视周边“约定俗成”的关于因果关系的定论，并尽可能地利用数据和逻辑得出自己的结论。

#### 6.2.2.4　后知后觉的因果关系

在很多时候，因果关系是人们后知后觉，从不可逆的灾难性后果中发现的。渡渡鸟（见图 6-4）的灭绝和卡伐利亚树就是这样的例子。

图 6–4　渡渡鸟

渡渡鸟原产于毛里求斯，世界上最后一只渡渡鸟死于 1681 年。毛里求斯坐落在靠近非洲马达加斯加岛的印度洋上，岛上有一种名叫卡伐利亚树的植物。

这种树是毛里求斯岛上一种高大的热带乔木，树高可达 30 米，树围 4 米多，是岛上特有的著名树种。渡渡鸟灭绝后，卡伐利亚树这一似乎与渡渡鸟毫不相关的物种也濒临灭绝，让人们忍不住思考其中的联系。

20 世纪，美国动物学教授斯坦雷·坦布尔在岛上对卡伐利亚树做了几个月的深入研究之后，惊奇地发现：尽管这种树年年开花、结果，但竟没有一颗种子发芽，而且似乎已经有几百年没有发过芽了。坦布尔教授最终发现卡伐利亚树果核的发芽依赖于渡渡鸟的肠胃来磨薄果实坚实的外壳。因为渡渡鸟的灭绝，卡伐利亚树果实外壳再也不会被磨薄，导致其种子不会发芽，卡伐利亚树也因此近乎灭绝。

从逻辑上说，渡渡鸟的灭绝“导致”了卡伐利亚树的濒临灭绝，二者具有因果关系。如果人类当年放过渡渡鸟，或许现在就有机会挽救这种濒临灭绝的树木。

#### 6.2.2.5 因果关系与相关关系混为一谈的谬误

误把相关关系当作因果关系是一种常见的逻辑谬误。

在这里，我分享一个数据科学家们津津乐道的“鲨鱼爱草莓”的故事。据说，这个故事发生在美国佛罗里达州度假胜地的海滩上。这个海滩附近的水域每年都有鲨鱼出没，有时鲨鱼会攻击在海里游泳的人，对人造成程度不同的伤害。数据专家在整理当地鲨鱼攻击次数的数据时惊奇地发现了一个规律：在草莓味冰激凌卖得好的日子，鲨鱼的攻击案例也多了起来。数据一出，大家纷纷猜测其中的原因。有人大胆推测，或许是因为海里的鲨鱼喜欢吃草莓，所以吃了草莓味冰激凌的游泳者更容易受到攻击。

推导出来的结论很滑稽。鲨鱼不可能因为草莓味而攻击人类，但推理中的问题到底在哪儿呢？鲨鱼爱草莓的例子是典型的把相关关系误认为是因果关系的案例。真相是，天热的时候，沙滩上和海里的人比较多，而人多直接使草莓冰激凌的售卖量增多，鲨鱼袭击人类的案件也相应增多。草莓冰激凌的热卖与鲨鱼袭击案件增多虽然同时发生，但它们之间只具有相关关系，而不是因果关系，它们是由同一原因，也就是“天热”造成的。

在现实生活中，有很多因果关系和相关关系混淆的情形。美国著名的经济学家托马斯说过：“统计学教科书里教的第一件事就是相关关系而不是因果关系，但这个定律总是第一个被大家忘掉。”比如，我们出门见到喜鹊，然后捡到了100元，就会自然地把喜鹊和好运当作因果关系的连接。由于“确认偏误”[1]等认知误区，只要我们见到喜鹊并且发生任何好事都会强化对这种错误因果关系的确信，而往往忽略相反的事件。

在认知过程中，大脑会惯性地探究事件之间的关联，这是人类学习的本能，但大脑有时也会“想当然”地虚构因果关系。这也是前面提到的快速思考的一种体现。

比如下面的三个陈述：“小明的爸爸参加家长会”“老师迟到了”和“小明的爸爸很生气”。在我们脑海里会马上推出一个自己想象出来的因果关系：因为老师迟到，所以小明的爸爸很生气。其实，这些相关的事实并不一定存在因果关系。也许小明的爸爸是因为小明的成绩差而生气呢？

再比如，我心爱的棒球队芝加哥小熊队有个“被比利山羊诅咒”的传说（见图6-5）。小熊队的粉丝普遍相信因为这个诅咒，球队几十年没有获得冠军。

[1] 此概念会在后文“知道边界”部分详细介绍。

图 6–5 比利山羊的诅咒

事情发生在 1945 年。芝加哥小熊队的一个铁杆粉丝——当地“比利山羊”酒馆的老板比利高价买了两张票去看美国职业棒球大联盟决赛：一张给自己，一张给心爱的宠物山羊墨菲。

在决赛第 4 场的时候，不知道从哪儿里冒出来一位较真的管理员，认定山羊的臭味会影响他人观看比赛，赛程进行到一半时，这位管理员责令保安把比利和他的宠物山羊墨菲赶出赛场。比利非常不满，嘀咕了一句“小熊队不会再赢”。凑巧的是，小熊队输掉了那场比赛。

赛后，比利不依不饶地发了封电报给球队老板说：“看看现在谁更臭！”意思是我的山羊墨菲再臭也没有你的球队臭。这封电报登上了报纸的头条。之后小熊队还真配合，几十年如一日地输球，每次失败，大家都认为是因为“比利山羊的诅咒”。这个“诅咒”居然持续了 71 年，直到 2016 年，芝加哥小熊队才获得了美国职业棒球大联盟的总冠军。

“比利山羊的诅咒”就是典型的因果关系谬误。即使没有被“诅咒”的球队也有很久没获得冠军的。比如克里夫兰印第安人队（Cleveland Indians）有 65 年没有获得冠军，德州游骑兵队（Texas Rangers）和休斯敦太空人队（Houston Astros）也有 50 多年没有获得冠军。但人们还是愿意相信诅咒的存在，可能因为它更有戏剧性、更生动、更有趣吧。

在心理学专著《因果幻觉》[1]中，美国心理学家赫勒纳（Helena）指出："就像视觉幻象一样，因果幻觉会在常见的情形下发生在任何人的身上。科学的思考方法是防止因果幻觉的最好途径，但科学的思考方法不是本能的反应，而是需要被教授的技能。"赫勒纳提到的"科学的思考方法"与本书的结构化战略思维相辅相成，同属于慢速思考的理性思维。

在大数据时代，相关关系的确给我们提供了很多增加收益、降低成本的方法。但相关关系是相对不稳定且易变的，只有通过因果关系才能找到事件发生的真正诱因，人们才可能通过相应的举措助力或抑制诱因的产生，从而达到期盼的结果。

渡渡鸟的故事告诉我们，对因果关系的无知会带来不可逆的灾难。思辨者要认识到相关关系的功用，但又不只满足于短期的功能性获利，要努力探究纷繁复杂事件背后的因果关系。因为只有这样，才能清晰地认知并为引领这个VUCA 时代做好准备。

## 6.3 规避分析问题的误区

"切"也就是结构化分析，是思辨者至关重要的基本功。第 2 章演示了如何用 4 种不同"切"的方法来分解同一问题，创造了多棵枝叶迥异的"逻辑树"，进而加深了对问题本身和潜在解法的认知。

---

[1] Matute，Helena & Blanco，Fernando & Yarritu，Ion & Díaz-Lago，Marcos & Vadillo，Miguel & Barberia，Itxaso.（2015）. *Illusions of Causality*：*How They Bias Our Everyday Thinking and How They Could Be Reduced.*

在讨论初期，思辨者输入的只是讨论结构（逻辑树），公司管理者输入的则是专业知识、实践经验和其他相关信息。随着话题的深入和对公司业务了解的加强，我们可以提供更多框架之外的增值服务。同时，我们要意识到“切”的局限和常见误区，在实践中有意识地加以规避。

做高管培训时，我发现一个规律：每当介绍完结构化分析问题的“切”的方法和 MECE 原则之后，学员们都会兴奋不已，个个摩拳擦掌、跃跃欲试，觉得面对各种问题终于有了可以化繁为简“一刀定乾坤”的法宝。解决问题的确首先要有初生牛犊不怕虎的劲头。如果不去试错、不去努力做结构化分析，问题就不会被分解，“切”的能力也就永远不能精进。

每当这个时候，我总要温馨提示：记住要“切”干净！小心以偏概全，步入“切”的误区。

维度切分是把利器，用到极致可以直接分解、简化问题，然后再深“挖”，也就是沿着上一层每个支点再度切分，直至从更深层次、更全面地揭示问题的实质。然而，维度和眼睛的视角十分相似，当眼睛聚焦并看清楚局部细节的时候，其他的可视内容总会被弱化和虚化，甚至被隐藏。维度切分也是如此。因此，我们在应用时一定要意识到“切”存在盲区，并要通过更多维度的切分等方法努力减轻或避免盲区。

只靠单一维度切分而简单粗暴地推导出结论是十分危险的。

下面用几个实战的例子解释一下单一维度切分的局限性和多维度分析的必要性。

先了解一下切分中单一维度的局限性。以“切”名词为例。切“人”这个品类的时候，用性别维度可切分成“男人”和“女人”。性别维度是单一维度，如此切分，可以辨别数据中男女性别特征。可是如果只停留在性别维度，其他属性就被隐藏了，比如年龄、职业、地域等。如果在客户调研时，只采用性别单一维度，不管性别数据多么齐全和精准，推演出的商业举措都会受限于这个单一维度，导致调研结论以偏概全。其他的相关核心维度（如年龄和地域等）就无法从数据中看到。

如前所述，手机厂家V品牌的核心用户画像是“二三线城市年轻女性”的案例就是个很好的三维度细分组合的结果。而这种精准客户画像判断往往是基于多维度的数据打点、收集、分析和筛选而产生的。为了准确地提炼出这3个相关维度，V品牌的市场人员收集了十几个相关维度，如职业、收入水平等，并进行了细致的数据分析。

再举一个实战案例解释“切”中盲区的风险，同时也再次体系化地演示“切”的具体应用和在实战中的一些变通。

我曾应世界500强的一家医疗设备公司邀请到新加坡做公司亚太产品战略项目。客户当时准备将拳头产品——医疗设备和服务规模化销售到中国医院体系，请我协助制定进入中国市场的战略及落地规划。客户的主要负责人、亚太区的首席技术官（Chief Technology Officer，CTO），在项目开始时布置了一个小调研任务，要求我们4人的团队一周内调研并总结出中国医院正在发生的十大科技潮流。

“中国医院正在发生的十大科技潮流”这个问题很明确，问题内容也与我们要做的市场进入战略正相关。团队接到任务后马上开始头脑风暴。既然问题定义清楚，大家就全力聚焦“切”这个问题，旨在快速生成初步的调研思路，以便在团队飞出去做实地调研之前能与客户做初步的方向性的讨论并得到客户认可，而且团队也需要统一思路和调研方法来指引具体的实地调研。

“切”问题总要找个维度的抓手。讨论开始时，我们先把“切”医院的维度根据 MECE 原则穷尽了一下。用地域、规模、级别、所有制、业务范围等维度“切”了很多刀，比如一线 vs 二线城市医院、专科 vs 综合医院、三甲 vs 二乙医院等。但是，团队很快就发现这种子目录列举法切分的弊端：问题没有被深化。细分后的医院大多拥有相似的科技潮流，这就造成了切分并没有深化对问题的理解，也就是说没有分解出新的细节或带来洞见。

团队马上转变打法，用流程法拆解，更适合分解医院科技潮流的场景。团队从病患的视角分析病患与医院的关键触点，并为这种分析起了一个高大上的名字——“病患触点”（见图 6-6）。

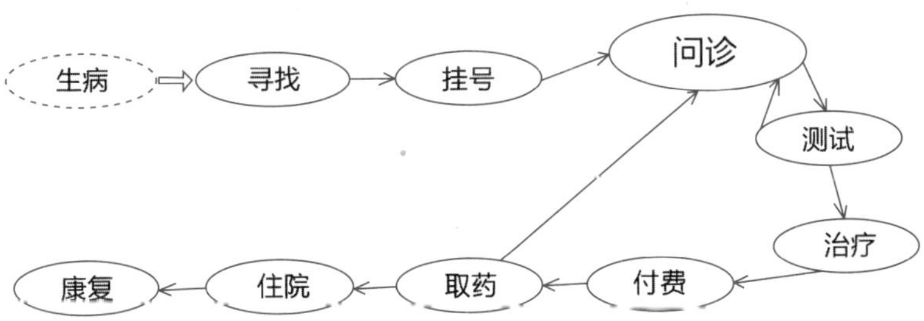


图 6-6 “病患触点”流程

“病患触点”基本还原了病患患病后寻找医院开始到痊愈的主要流程。“病患触点”这个切法对比之前子目录列举法的优势十分明显：科技潮流的问题被更加深入地切分了，新细节信息在流程法的切分下纷纷显示了出来。在这个整体结构的每个流程节点，都可以更细致、更有针对性地讨论可能存在的科技潮流。比如，在挂号这个节点就可能有电子病历卡（EHR）、网上挂号、电子排号机等高科技应用，问诊环节也会有如医生移动端应用、远程医疗、电子病历、助诊系统等假设。

聪明的读者会质疑，说这个分法并没有遵循 MECE 原则，比如病患在治疗中“死亡”怎么办？病人“死亡”并没有被这个图谱覆盖。不得不承认，这个疑问是合理的，但这次切分的初衷是确认调研方法框架，因此采取 80/20“抓大放小”原则对最常见主流程进行分解。“死亡”这类不常见分支流程可以留到下一阶段对框架进行充实和修订时再做斟酌。

因为时间压力很大，当时团队有“病患触点”框架在手就马上与客户公司的 CTO 就调研方向和结构框架进行沟通。在仔细听取了我们“病患触点”框架后，CTO 先是客套地表示了对我们工作效率的肯定，然后压低声音抛出了那个重量级的词汇：但是。

CTO 进一步解释说，除了医疗设备，公司还有个医院管理系统（Hospital Management System，HMS）应用软件产品也包含在这个项目范畴中，而在我们提出的“病患触点”框架里，这个医院管理系统是看不到的！原因在于这个 HMS 的用户只限于医院的内部员工和 IT 人员，从普通病患的视角根本接触不到这个系统。

仅用了一个特例，而且只需要一个特例，就全线击垮了“病患触点”逻辑的全面性。也就是说，我们的病患视角不能看到所有公司的解决方案，违背了 MECE 原则“穷尽所有可能”的要求。核心的问题在于病患视角限制了调研的覆盖面，从而导致了一个重要产品医院管理系统没有被包含在调研的范围内。

也就是说，实地调研在设计层面就是有瑕疵的。不管我们的团队多么努力，都永远不会问到关于 HMS 的问题。后果极其严重。所谓“病患触点”，本质上是一类特定人群的视角。如前所述，用性别“切”人类，把人类分成“男性”

和“女性”两类却看不到职业、地域等维度，仅用病患的单个视角切分医院的流程就会限制观察的广度，在此单个视角的基础上遗漏就很容易发生。

了解到视角的局限性之后，团队马上开始第二轮头脑风暴。这次风暴有侧重地聚焦：除病患之外，医院还有哪些核心人群的视角必须予以重视。医院核心人群无非是医生、管理人员和 CTO 等。接着就用列举法把 CTO 和医生能看到的产品和服务罗列出来，医院管理系统就被包含在内了。当天，团队把从“病患”“医生”和“CTO”3 个视角输出的调研结构再次呈现给客户的时候，客户肯定了框架的深度和广度，为下一步调研开了“绿灯”。

回顾一下这个医院科技的案例：项目刚开始的时候，团队只用“病患触点”单一流程来“切”问题，在“结构化分析”这一步就存在疏漏，如果不及时修正，后果就会很严重。这个“触点”专用名称听着的确酷炫，但从单一维度 / 视角“切”科技潮流永远无法真正覆盖所有相关医疗设备和系统。如果没有客户及时的反馈和我们在解决方案结构上的修正，那么不仅一周后的交付物不合格，还会造成时间等资源不可逆的浪费。

“选择比努力重要”，在项目初期制定调研方向的时候，也就是结构化分析问题的环节，一定要意识到并努力克服维度切分中的局限。

第 7 章

# 第三步：提出假设

## 7.1 假设的功能

当我们有了清晰且正确的问题定义和全面的结构化分析之后，就到了新麦肯锡五步法的第三步——提出假设（见图 7-1）。

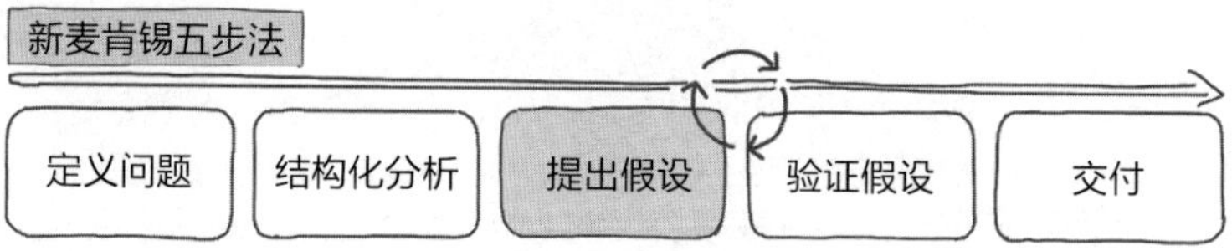


图 7-1　第三步：提出假设

从功能上看，结构化分析过程要提供问题解决的基本逻辑框架，而提出假设旨在生成相关假设，为后面验证假设做验证的标靶。“结构化分析”和“提出假设”往往同时发生，因为提出假设是建立在结构化分析的基础之上的。

结构化分析和提出假设在沟通方向上侧重不同。结构化分析侧重于外部沟通，主要用来确认方向性思路，如“团队将用什么方法或思路框架来解决问题”。而提出假设环节产出的一系列假设主要用于团队内部讨论和协作的“半成品”，为第四步验证假设的实地调研做充分准备。在结构化分析明确逻辑框架之后，假设清单的功能主要是，作为后续实地调研时团队统一的验证名录，又被称为“访谈提纲的主要内容”。

提出假设是自上而下方法论的核心原则（麦肯锡结构化战略思维四大原则之“假设为前提”）的实战落地。它要求团队在项目初期还没有进行实地调研和缺少必要专业知识输入的大背景下，用假设方式来准备可能的方案选项。这套方法对于结构化战略思维的初学者来说无疑具有挑战性，因为此时凭空提出假设很有“拍脑袋”之嫌，和习惯性先夯实基础才能发表意见的厚积薄发的自下而上做事习惯截然相反。

值得强调的是，提出假设是问题解决中最具创造性的过程，一般提出的假设只用于内部讨论，而杜绝向外透露。因为在这个阶段生成的假设是没有经过实地调研证实的初期想法；而为了激发盒外思维和创造性，本阶段鼓励不拘一格地提出想法，产生的假设必然会有浓重的“拍脑袋”之嫌。过早地向外透露会被认为不专业，最终要输出的是大胆假设后，仔细验证过的真知灼见。

新麦肯锡五步法中如何及时修正错误假设并提出新的假设、验证后形成科学论断的闭环，会在下一章验证假设中详细介绍。此处以前文所述的世界500强医疗设备公司案例讲述一下提出假设的具体应用（见图7-2）。

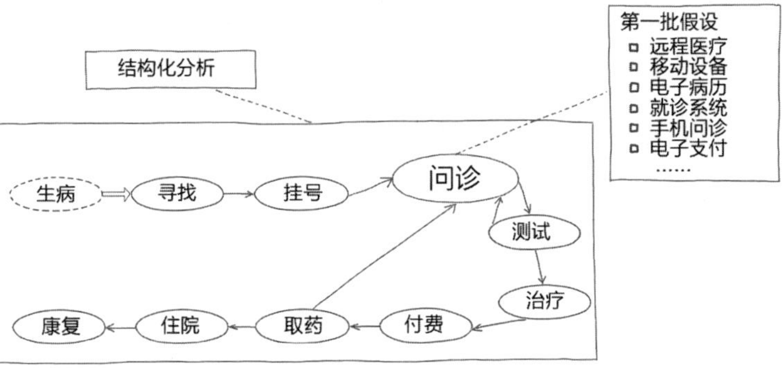


图7-2 “病患触点”流程

要在 1 周的时间内完成“中国医院正在发生的十大科技潮流”的调研报告，压力不言而喻，团队内的每位成员都有马上出去调研寻求答案的冲动。但是团队深知在没有规划而盲目地冲出去“做”事的情况下，其收效甚微。设想我们几个咨询师落地到不同地域的不同规模的医院之后，见到被访者又应该按照什么方法来做访谈呢？难道张嘴就抛出“您医院的十大科技潮流是什么”这样难以回答的问题吗？

我们需要有统一的访谈提纲。访谈提纲可以帮助每个组员进行较为一致的、有针对性的实地调研。这个调研提纲的核心内容是沿着“病患触点”结构而生成的众多假设。在实战中，访谈提纲中还要有一系列起始假设作为访谈时验证的标靶。这些假设除了被验证，还可以为访谈破冰预热，激发洞见产生，甚至生成新的假设，从而将实地调研的功效最大化。

团队用头脑风暴的方式，沿着“病患触点”流程的每一个关键节点提出 10 个左右的具体科技的假设。比如，在问诊节点，小组通过头脑风暴生成了远程医疗、移动设备、电子病例、助诊系统、手机问诊和电子支付等具体科技的假设。

项目初期，一名团队成员飞到北京，在某三甲医院访谈外科 X 医生，讨论问诊流程节点的科技潮流。简单介绍项目背景和调研框架之后，这名团队成员单刀直入地问道：“X 医生，在您问诊的过程中，用过类似‘远程医疗’的设备吗？如果用过，您对它有何评价？”

在这样具体的问题下，X 医生只能给出“用过”或“没用过”这两类明确的答案。除了远程医疗，在问诊节点，还有很多其他假设，比如移动设备、电子病历和助诊系统等。验证已有假设之后，团队成员会运用访谈技巧往下深

“挖”，追加一个开放性的问题：“X 医生，在您的问诊过程中，除了刚才提到的几种科技或设备，还有没有类似的呢？”此刻 X 医生已经听过了许多具体科技的例子，自然会按照相似筛选标准提供更多有关新科技的答案。比如 X 医生会回答：“哦，我们还有类似的医院科室服务公众号、微信群，手机 App 也正在研发。”医院公众号和 App 等便成为提出假设部分的新假设候选科技。由此可见，提出假设不仅是发生在项目初期，更贯穿了整个项目过程，和第四步验证假设构成循序渐进的自循环过程。

## 7.2 提出假设的关键举措：头脑风暴

头脑风暴是提出假设的关键举措，也是战略咨询公司最常用的解题工具之一。它采用一种非正式的讨论方式生成关键思路或观点。头脑风暴既可以应用于针对问题的整体，也可以应用于聚焦细节层面的主题。

头脑风暴与一般业务研讨有明显的区别。在心态上，它要求团队成员以放松的心态参与讨论，不要努力显示自己的聪明或高明。在讨论中，任何观点都是平等的，没有哪个观点是“愚蠢的”。在平等的基础上，参加头脑风暴的成员自由畅谈，对事不对人地坦诚反馈，用积极的态度面对每个意见。在内容上，头脑风暴并不把“专业性”放在首位，甚至鼓励基于直觉的发散思考，但在发散中锲而不舍地寻求隐藏的结构。在形式上，头脑风暴一般发生在有白板的会议室。团队选出一名协调者，他手持白板笔，主要责任是组织大家讨论并把要点总结、归类、提炼书并写在白板上。在一场头脑风暴会中，麦肯锡核心项目团队一般有 3~5 人，外加其他参与者，理想的人数应控制在 3~8 人之间，以确保讨论中的互动和个人贡献的最大化。

头脑风暴的发生频率并不固定，它几乎可以发生在问题解决过程的任何阶段。在麦肯锡战略项目小组中，头脑风暴（Problem Solve，PS）几乎是每天都发生的小组活动。头脑风暴在项目初期至关重要，尤其在定义问题、结构化分析和提出假设阶段，它会直接生成“第一天的答案”[1]。

头脑风暴遵循 3 个原则：差异、平等和发散。

“差异”是对假设本身的要求，同时也是对头脑风暴参与者的要求。头脑风暴鼓励不同的视角，因此，迥异的背景直接带来思考角度的多样性。如果参与者有相似的背景，就会导致思考同质化严重，群体讨论和个人思考的结果就会趋同，因而失去了一起讨论“风暴”的意义。麦肯锡在招聘时就有意识地避免同质化。招聘有 MBA 和博士两种学历要求，其中，顶尖 MBA 学院的毕业生本来就来自不同行业，因而背景多元化；而博士生专业也千差万别，绝不拘泥于管理相关专业。

“平等”能保证头脑风暴参与者破除壁垒，不受限制地阐述自己的看法。如前所述，在讨论中没有任何“愚蠢”的假设，也没有“更重要”的假设，头脑风暴是一种“对事不对人”的百家争鸣。即使是头脑风暴的主持人也没有特权，不能拒绝合理的假设。只要相关，不管多么“反常规”，也不论是实习生还是合伙人提出的假设，会议主持人都要平等地将它们写在白板上。

头脑风暴要有创造性。提出的假设可以是天马行空“发散”思维，越是盒外思维就越能挑战已有的固化思维，带来突破性创新的可能。头脑风暴鼓励用其他行业的成型经验跨界解决手中的问题。各种假设提出之后会被汇总整理，

[1] “第一天的答案”将在第 10 章“培养结构化战略思维需要养成的十个习惯”中详细阐述。

实践证明，那些“发散”不好归类的假设反而会给问题解决带来意想不到的启发。

## 7.3 提出假设时杜绝专家过早参与

提出假设的过程是否需要懂这个问题的专家来参加呢？

答案是一个坚决的“不”。提出假设的过程，尤其是最初期的头脑风暴活动，即使专家招之即来，也不能过早地让专家参与到讨论中。这是因为提出假设是自上而下思维方式的体现，它与以经验为导向的自下而上的思维方式截然不同，如果没有足够的经验来平衡，就会产生激烈的冲突。

专家如果没有经过体系化的结构化战略思维训练，势必会习惯于“专家思维”，也就是习惯性地跳过新麦肯锡五步法的前四步，而直接给出他的所谓“正确”答案。如前所述，专家擅长“一招制敌”，俗话说：“手里有个锤子，看什么都是钉了。”在讨论中，专家会信心满满地告诉所有头脑风暴的参与者：同样的问题他在某某项目上遇到并成功解决过，只要按照以往的经验重做一遍就可以了，还用什么头脑风暴？！

提出假设是新麦肯锡五步法里承上启下的关键一环，而且有别于平常的经验导向的思维定式，需要适应和在实践中反复磨炼。这一步完全不同于毫无根据的“拍脑袋”，在新麦肯锡五步法里有严格的“验证假设”的过程，会及时修正错误并提出新的假设，形成科学验证的闭环。

接下来，我们看第四步验证假设如何与提出假设相互作用，确保最终正确解决方案的产生。

第 8 章

# 第四步：验证假设

## 8.1 验证假设的功能和方法

验证假设是通过严谨的科学方法验证之前提出的假设是否正确。在新麦肯锡五步法中，提出假设和验证假设之间是反复并逐渐深入的循环（见图 8-1）。

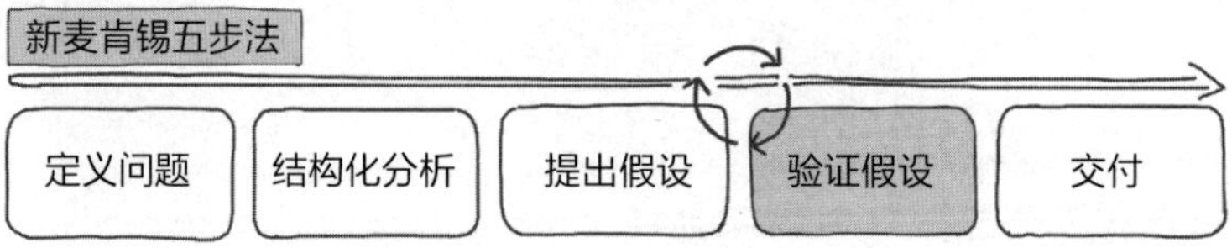


图 8-1 第四步：验证假设

验证假设需要收集的信息量很大。为信息收集而做的验证假设调研工作分为两种：案头调研和实地调研。

案头调研一般关注客户已有书面资料、互联网公共信息、专业期刊、各种行业报告和内部资料库等，通过调研者的消化和提升，总结出核心观点支持或否定之前提出的假设。然而，不管案头调研如何详尽，最终还要通过实地调研进行认真核实。

实地调研是指在实验室或图书馆之外的地方实地收集一手客观数据，用严谨的逻辑验证之前假设的真伪，是结构化战略思维和实践奉行者必备的基本功。

实地调研在战略项目中包括很多具体甚至琐碎的工作，有访谈、调查和实验等。例如，调研问卷的投放和收集、各种相关人群的筛选与访谈（如消费者、竞争对手等）、实地观察和产品或服务体验等。后期的数字分析和洞见提取也至关重要。

调研收集信息的原则通常是，以第一手资料为主，尽可能多地收集一手资料；以二手资料为辅，在使用二手资料时要尽量验证资料来源的真实性和可靠性。而且，如果在实地调研收集数据时有新发现而生成新的假设，就要再经过同样严谨的验证，如此循环，直到最终寻找到问题解决的最佳方案。

## 8.2 实地调研的技巧

成功做好实地调研也是咨询行业的基本功，需要调研者具有全面的能力，如商业敏感度、表达沟通能力、自驱力、情商（如同理心）和数字分析技能等。

### 8.2.1 访谈的小技巧

在分析和解决问题的过程中，尤其在验证假设的实地调研中，访谈是信息收集和洞见生成的重要环节，也是思辨者快速学习、快速认知的关键举措。在很多时候，之前介绍的“切”问题而产出的“逻辑树”是为了给访谈者提供清晰脉络和明确引导，将访谈的效果最大化。

然而，“切”出正确的“逻辑树”并不能保证访谈的速度和质量。在实地调研的访谈中，思辨者要运用各种咨询类技巧和艺术才能真正达到事半功倍的效果。这里列举几个重要的访谈原则和技巧。

第一，要对被访者有足够的尊重。尊重表现在通晓换位思考，懂得聆听和提炼。访谈是个互动性很强的过程。在访谈中，有经验的访谈者会试图理解对方的立场和对这次访谈的看法，时时观察对方的情绪波动。如果能及时捕捉并妥善处理一些细小的动作，如眼神中一闪即逝的犹豫或语调里一点点的不耐烦，就会使整个讨论气氛变得融洽，访谈进展顺利。相反，如果把访谈变成一个生硬而机械的流程，冷冰冰地问完既定的问题而全然不觉对方有抵触情绪，这样的访谈基本是浪费时间，甚至还会影响未来工作的顺利进行。

聆听后的提炼也是关键。在不同的语境里，同样的陈述会有不同的解读。在对话中，访谈者要时常用自己的理解提炼对方的观点，重述给对方听，比如“您的意思是不是……”或“换句话说……”，这些不仅能确保信息完整和理解到位，也向对方表明自己在积极地倾听和试图理解。

第二，对话中要输入新的增值信息。这要求访谈者具有足够的知识储备，并对商界发生的潮流保持敏感性，最好事先对被访谈企业和其主要竞品的具体信息做过相对充分的准备工作。被访者对本行业很熟悉，但对其他行业尤其是高速变化中的新兴行业，如社交电商等，很可能没有最新的知识储备。访谈者虽然专业深度不及被访者，但在知识面的广度上有得天独厚的优势，如果可以适时地输入新的增值信息或创造性的思路，被访者会感到谈话不是单方向的信息榨取，而是真正有营养的双向交流和头脑风暴。

第三，要有锲而不舍并以结果为导向的访谈态度。在彼此尊重又能提供增值信息的基础上，访谈者还要有非常强烈的结果导向意识，不达目的誓不罢休。新麦肯锡五步法在第三步提出假设中，会产出待验证的假设清单，这是访谈中需要调研的重点。有时，访谈特定专家的机会不仅难能可贵（如通过第三方服务公司邀请），而且很可能仅此一次。在整个访谈中，访谈者要围绕核心假设，与被访者交流，努力将其证真或证伪。访谈中要力争得出确切的结论；没有确切结论的访谈意味着在浪费时间和资源，也必定是个失败的访谈，需要后期复盘反省。

第四，访谈永远不是一次性的“交易”，访谈者与被访者要培养并建立长期信任关系。首先，双方在访谈前要充分准备，在访谈中要努力避免浪费对方的时间。在项目中，经常会发生多次访谈同一专家或高管的情况，访谈者要尽可能做好各项准备，比如提前设计访谈提纲和重新温习之前访谈记录以避免重复提问等。其次，访谈者应在讨论中始终保持“对事不对人”的客观立场，让被访者不会有被评估或追责的误解。

第五，访谈者要真心保护被访者，对被访者和正在解决的问题之间的微妙关系具有足够敏感度。在大多数情况下，汇总信息时要保持匿名，如果要实名引用被访者的陈述必须经过被访者的同意。脱离上下文的一次实名引述很可能会给被访者带来不必要的麻烦甚至伤害。

当深谙访谈的艺术并与被访者建立了足够的信任，问题也深“挖”了几轮之后，神奇的事情就会发生：甚至可以把原本要解决的问题原封不动地抛向被访的高管或专家，客气地征求他的个人观点。

比如在前文提到的“如何提高净利润”的案例中，净利润问题原本是公司总经理在咨询我们团队。当我们团队已经与被访的总经理建立良好的信任关系，并把第三层的细节与他摸排了一遍之后，完全可以非常自然地把这个问题原封不动地抛回：“X总，您看我们已经把这个问题从不同维度梳理了几遍，很多企业运营细节问题都已经浮出水面，您觉得在诸多可能的因素中（第三层细节），哪些因素是在短期内能对公司净利润的提升起到最大的贡献呢？哪些因素可能长线功效更大？”如果访谈做得成功，将收获被访者真正的个人观点。这时不妨再追问一句“为什么”，就会有更多意想不到的收获。

得到了总经理的反馈后，绝不能就此止步不前；相反，系统的访谈才刚刚开始。初步访谈个别高管后，我们会根据访谈结果拟订系统化的批量调研方案。在资源允许的情况下，相似的访谈和调研应该与内部高管、中层、一线员工、外部客户、上下游的合作伙伴甚至竞争对手的前高管进行，直到还原企业运作的真实状况，为解决问题提供坚实的基础。在这个过程中，有些以前提出的假设会得到验证，新的假设也会随着调研的深入浮出水面。

由此可以看出，如果访谈者深谙访谈的艺术，以“切”为起点的体系化访谈会是彼此双赢的过程。访谈者通过访谈快速收获了与问题相关的业务知识和洞见，并与被访者建立了初步信任关系。在这里，访谈者提供了讨论的框架，带入新的信息和跨界干货，引导并激发双向的交流，逐渐深化讨论，锲而不舍地“挖”到第三层或更深的细节。这些无疑都为解决问题打下了坚实的基础。

被访者也有不少收获。公司高管平时囿于业务的琐碎细节，往往在一定程度上忽略了公司整体的大局观。访谈者提供的“切”的结构会帮助其厘清脉络，体系化地从全局视角重新审视自己的业务。资深的访谈者还能带来丰富的商业理论和跨界的新鲜理念，被访者也会增长见识并可能激发出新的商业灵感。

**示例：通过高效访谈验证假设**

再用“医院十大科技潮流”的案例来演示实地调研访谈中的一些基本功和技巧。

案例的背景不再赘述，访谈者手里拿着包含初步假设的访谈提纲来到北京一家三甲医院访谈 X 医生。开场不到 5 分钟，就已经开始讨论到“问诊”节点上具体的科技潮流了，访谈者在验证“远程医疗”这个假设。

访谈者："X 医生，您听说过远程医疗这个技术吗？"

X 医生："听说过。"

访谈者："问诊的时候，您用远程医疗技术吗？"

X 医生："不用！"

这时访谈似乎进入了一个死胡同。没有经验的访谈者会就此结束这个关于"远程医疗"假设的验证，开始关于下一个假设的提问。但是，访谈提纲中的假设都是经过严格筛选的。而"不用"这个简短的回答很可能只代表目前的状态，也隐约体现出对方的一丝抵触情绪。

从来不要把"不"当成"不"。经验丰富的访谈者会礼貌而迂回地给出更多的背景信息，并用开放式的问题激发被访者的参与。

访谈者："X 医生，远程医疗是今年的潮流，媒体中曾有本院应用远程医疗的相关报道。我是个医疗设备领域的外行，您能和我分享一下为什么我们停止使用这个技术吗？局限性到底有哪些？"

这段对话先告知对方我们有备而来，对行业和医院做过基础调研；然后充满尊重地把被访者放在"知识权威"的宝座上，降低身段准备好聆听专家高见，而且这种开放式的问题给了被访者足够的空间表达见解。

不出所料，X 医生的话匣子一下子就打开了。他开始吐槽远程医疗的各种毛病：图像传输慢、视频卡顿、数据格式不符合本院标准、流程不通畅、远程协作培训不到位等。

X 医生最后说："我们三甲医院门口每天有几百人在排队，到医院看病的病人都照顾不过来，哪儿有时间做远程医疗？"

这里有太多只有在实地调研才能获取的一手资料，即所谓的"干货"，访谈者都要及时、准确地记录。收获颇丰的同时还要乘胜追击，问题绝对不能就此止步。

访谈者追问一句："谢谢您的分享。我现在终于理解远程医疗在三甲医院不适合的原因了。那么，您听说过其他医院还在使用这种技术和设备吗？"

X 医生说有个同学在二线城市的小医院，最近还在朋友圈晒远程医疗。这时，访谈者要了那位医生的联系方式，此次访谈结束后就约时间安排下一次信息收集了。

访谈结束前，我们要通过开放性问题寻求新的假设，比如询问"类似远程医疗的科技还有哪些？"确认新的假设之后，访谈者将之加入访谈提纲，再次启动第三步验证假设，通过更多的实地调研验证这个论点。

就这样，在访谈者锲而不舍、刨根问底的努力下，更多关于远程医疗的实际情况浮出水面，对这个科技趋势假设的判断也会随着实地调研的深入而更加清晰，直至证实或证伪这个假设。

综上所述，提出假设和验证假设是一个逐渐深入的反复循环过程，也是新麦肯锡五步法的主干。在这个过程中，研究结果在提出和验证假设循环中高速迭代，团队力求在最短的时间内找到问题的真正解决方案。整个提出假设和验证假设的反复循环会占用战略项目 8~10 周的完成期限中的大部分时间。

实地调研是验证假设过程中常用而有效的方法。实地调研，尤其是访谈，要求调研者拥有较强的咨询类综合素质和锲而不舍的自驱力。除了介绍的这些指导原则，之前介绍的原则和工具在提出假设到验证假设的过程中都可以活学活用，它们将有助于以客观数字为依据、用严谨的逻辑推演出商业洞见及解决方案。

第 9 章

# 第五步：交付

卓越的领导基本都是化繁为简的人：他们能穿透争论、困惑和质疑，最终给出一个所有人都能明白的解决方案。

——科林·鲍威尔

## 9.1 交付前：从来没有“过度的准备”

在整个战略咨询项目里，最后一周以成果展示为核心的交付无疑是项目的高潮（见图 9-1）。团队已经经历了新麦肯锡五步法的前四步，尤其是经历了 *N* 轮从提出假设到验证假设的循环，完成了数据收集和洞见提炼，对问题的解决方案已经胸有成竹。此时的交付就需要项目团队完整、高效地把所有成果展示出来。

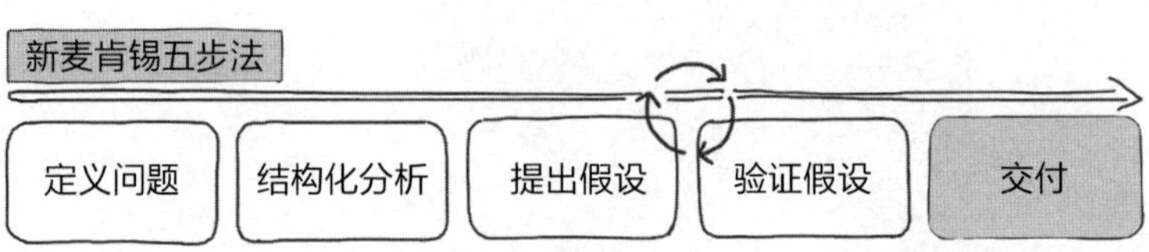


图 9-1　第五步：交付

如果把 8~10 周的战略项目比作一部电视连续剧，那么最终成果交付就是故事的“大结局”。在客户将交付的解决方案内化之后，战略咨询团队的使命就圆满结束，告别客户踏上新的征程。

在交付中，麦肯锡团队会为最后的展示做超乎想象的精心准备，确保“大结局”的圆满结束。每次完美交付无一不是团队加班奋战的结果，将严谨态度和专业性发挥到极致。

项目负责人和团队成员一遍又一遍地仔细审视即将交付的成果。首先，项目本身的问题定义要明确、故事线要清晰、论述逻辑要严谨、每个支持的数据点要经得起推敲。其次，严肃对待沟通方式并制订沟通计划。在正式的交付会议前，项目负责人要与核心决策人员沟通解决方案的大致方向，并得到相应反馈；要预测沟通过程中决策人员可能的态度，对可能受到的挑战和阻力作相应的准备，并制订应急备用计划。最后，交付的形式和流程要完美。项目负责人要精心安排汇报展示的 PPT 及其他辅助材料，并经过多次排练确保万无一失。

交付会议是战略项目的最后一个关键战役，一般是半天甚至一天的闭门会议。项目主要决策者和各相关方都被邀请到一起，共同讨论战略咨询团队提出的解决方案。通常，项目团队提出的相关解决方案会触及公司的常规管理或既有利益，所提出的变革会冲击相关方，有人甚至会为此失去工作。因此，参会者都有备而来，而且个个神情严肃，时刻准备迎战。

大家不妨设想一下此时咨询团队面对的情形：像是被扔进装满了鲨鱼的大鱼缸里的游泳者，稍有犹豫、挣扎让鲨鱼闻到胆怯或血腥，后果将不堪设想。团队必须严阵以待、全力以赴，从来没有所谓的“过度的准备”。这种准备不仅包括将新麦肯锡五步法中介绍的各步骤做到位，还包括交付中各种技巧和艺术的准备。

**示例：答题器的奥秘**

几年前，我们团队曾应邀到东南亚某国家协助其中央银行制定货币电子化银行管理政策。“货币电子化”，顾名思义就是在一定范围内用电子支付形式取代纸币的流通，为国家节省资源并提高效率。项目方案涉及该国境内已有支付网络（比如 ATM 提款机、支付终端 POS 机、SWIFT 网络等）的共享以及付费模式，对所有商业银行尤其是排名前几大的银行支付业务都有较大影响。这个项目的最终交付会议规格很高，由该国中央银行首席长官主持，全国前十大商业银行的 CEO 全部参会。我们咨询团队在交付上面临的压力可想而知。

在此，我复盘一下当时会议之前的准备工作。经过近 3 个月的集体奋战，我们对解决方案已经胸有成竹，最后一周为最后的汇报展示进行了多次专门讨论。由于解决方案初期会对大银行造成一定的冲击，会议开场时，我们要最大限度地降低甚至化解相关参会者的“敌对感”，引导他们从大局的角度看待问题，而且要明确解释虽然短期有冲击，但从长线来看，提出的方案会显著提升大银行的盈利空间。

那么，如何平复参会者的抵触情绪并建立认同感呢？

经过几次内部讨论，我们团队创造性地在最终交付会议中加了一个流程：在会议开始之前开展一轮匿名答题活动。每位参会者在落座之后都收到一个答题器（见图 9-2），在正式开始分享项目成果之前，所有人一起做个简短的匿名调查问卷，并实时将投票结果公之于众。

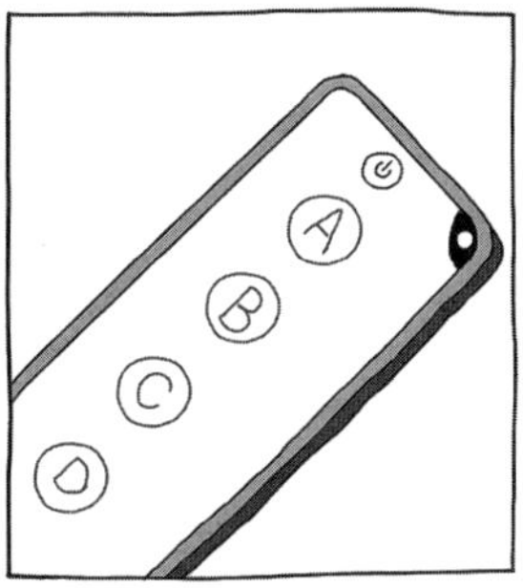


图 9-2　答题器示意图

调查问卷总共有 6 个简短的问题，每个问题都围绕“为什么要做这个项目”进行。匿名答题活动通过单选的形式，让参会者意识到本国货币电子化面临的共同挑战和公认的资源浪费等问题，目的在于建立共识并营造解决问题的紧迫感。

这个小环节其实有更大的心理作用：答题的过程让会议参与者从心理上感受到“权力的变化”。投票器营造了一个“做题”的场景。在这个场景中，答题者处于类似“学生”的弱势地位，每个人都期待自己的答案是正确的。这样，小小的答题器就把带有进攻性的有敌意的听众瞬间转化成相对弱势的群体，从而大大降低了我们在会议内容上的沟通难度。

为了完美地开场，我们准备了不同版本的问题组合，经多次讨论最终定稿。主讲合伙人反复磨炼讲稿内容，甚至让团队协助做角色扮演练习，询问各种角度刁钻的问题。在精心准备之后，交付会的效果十分理想，团队提出的建议得到广泛的认同。

在日常工作中，我们在展示自己的商业主张或计划时，如果能借鉴咨询师追求完美的职业精神，会在沟通上取得巨大的进步。

## 9.2 交付时：高效的商务沟通

### 9.2.1 高效商务沟通的形式

人类社会从工业化、信息化，发展到人工智能盛行的今天，职场上人们的相互协作已经达到空前规模。现在生态经济盛行，团队以及上下游关联至关重要，单凭个体的一己之力而成就大事已不再可能。在这种大环境下，把一个想得很清楚的想法（如商业计划）说明白，让更多的人，如投资人、客户和队友，彻头彻尾地领会、认同并能不走样地落地实施，是成功的关键。

现实中不能“说明白”的根本原因大多还是表达者自己并没有“想清楚”。如果已经“想清楚”，却因为交流的纰漏而造成好想法无法传播以致前功尽弃是十分可惜的。本章着重讨论在“想清楚”之后，“说明白”的原则和技巧。

高效沟通，有时也被戏称为“讲故事”的能力，是当代企业管理者应具备的核心能力之一。以色列历史学者尤瓦尔·赫拉利（Yuval Harari）在《人类简史》中对人类群体高效沟通有十分有趣的阐述。赫拉利认为，社会单位人数在150人以内的时候，仅靠“八卦”就能维持，即口耳相传的支离破碎的信息；而当社会单位人数超过150人，人类组织就需要用体系化的故事来凝聚，这些“故事”包括宗教、主义、信仰以及在公司层面的公司使命、愿景、产品战略等。在现代大型企业中，由于分工细化和国际化协作等，管理者大多早已脱离具体做事的岗位，无法面面俱到地以身作则。这也要求管理者必须依靠超强的沟通能力，会“讲故事”，把公司文化、战略和产品理念等尽量无损地沟通并贯彻到一线。

“说明白”听起来很容易，但要做到高效地“说明白”绝非易事。沟通的复杂性在三个层面为高效交流设置了障碍。第一，沟通是双向甚至多向的。我们能清晰、简洁地单向发送信息只是沟通的第一步，还要倾听、反馈和引导互动，最终达成共识。第二，沟通是多层面的。内容包括信息、洞见甚至个性化的情绪和情感。沟通的高手往往拥有融入个人情感的鲜明风格，将沟通上升到艺术层面。第三，沟通也是多形式的。仅商务沟通就可以有好几种呈现形式，如口头陈述、文档备忘录、开会常用的 PPT 和白板演示等。能根据实际情况而选择适当的沟通形式也需要实战的磨炼。

如图 9-3 所示，我们将聚焦商务场景下的沟通，介绍高效商务沟通的部分原则和实用方法。

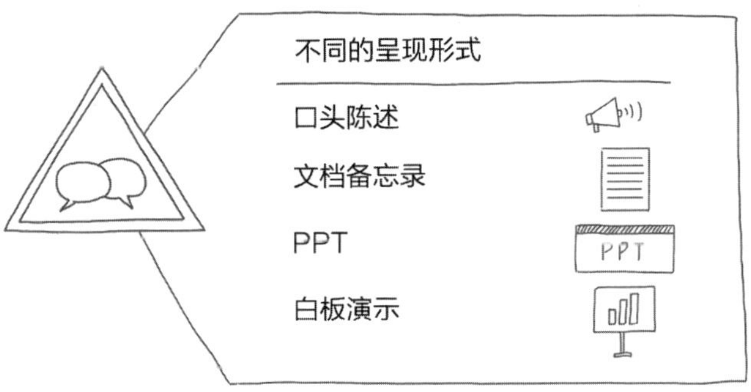


图 9–3　商务沟通的呈现形式

我们先从商务沟通的呈现形式开始审视常用的沟通形式及其利弊。常见的商务沟通形式有以下四种：口头陈述、文档备忘录、PPT 和白板演示。

**口头陈述：**不用任何其他交流辅助工具，纯靠口头交流（包括神态和肢体语言等）来沟通。口头陈述按照内容篇幅不同有长版和短版的区别。一般来说，在口头陈述中，限时越短对陈述者要求越高，因为陈述者需要用最简单的语言和最精简的篇幅来阐述相对复杂的问题。咨询中经常提到的“电梯陈述”就是这种精华短版口头陈述的极致演绎，要求陈述者在乘坐电梯的30~60秒内高效完成交流。

**文档备忘录**：一种关键的呈现方式，多用于细节的交接。由于备忘录篇幅限制小且准备时间相对充裕，作者可以充分地陈述思路、推理过程、准备材料等相关信息。为确保审阅时间充足，电子版文档备忘录一般至少会在关键会议开始前24小时发送给会议相关方提前阅读。大多时候，开会前，会议组织者还要提前准备纸质版本，建议双面打印并提前通知参会者，避免重复打印；打印时，要注意尊重参会者环保方面的偏好，尽量减少不必要的纸质文件。

**PPT**：PPT（PowerPoint）是微软公司为职场交流开发的一种文稿演示工具，也是当今会议中讨论议题必备的呈现形式。在战略咨询项目中，PPT一般分为两种版本：一种是短小的20页左右的总结汇报；另一种是100页以上的项目细节汇报和记录。针对不同的参会对象，选择不同的版本。在高管会议上，为了突出主题内容，首选短版的PPT；作为补充材料，长版的PPT和文档备忘录有着相似的信息交接的功能。

**白板演示**：一般情况下，项目团队成员站在白板前，主持人手里拿着白板笔边书写边与团队成员讨论。白板演示是四种主流商务沟通形式中对互动要求最高的，也是最个性化的一种，是目前许多互联网公司和其他先进企业会议讨论中常用的工具。之前提到的头脑风暴类的讨论大多也是用白板演示作为主要交流的形式。

以上四种主流商务沟通和呈现形式各有千秋，在工作中可以搭配组合使用。因为PPT经常被战略咨询公司和高管层应用，职场新锐有时误以为PPT是商业沟通之王。PPT不仅表明呈现者做了充足的准备，也在一定程度上体现了呈现者对会议足够的重视。虽然大多数时候，大家期望看到呈现者带来精美的 PPT，但在时间压力下，口头陈述具有灵活和直接的明显优势。在讨论重大决策时，呈现者很多时候会被要求不打开计算机或不播放 PPT，完全口头陈述核心主张。白板演示凭借超强的互动性在商务沟通中日渐盛行，尤其适用于思维碰撞要求多向信息交流的互动场景。

不同交流方式的结合有时会事半功倍，比如口头陈述时能巧妙地利用白板把核心信息用关键图谱呈现出来，大大提升交流效果。

### 9.2.2　商务沟通的外部影响要素

每次高效的商务沟通都是精心策划的结果。在选择商务沟通的呈现形式和具体沟通内容时，我们要注意以下 4 个外部影响要素：时间、物理空间、目的和偏好（见图 9-4）。

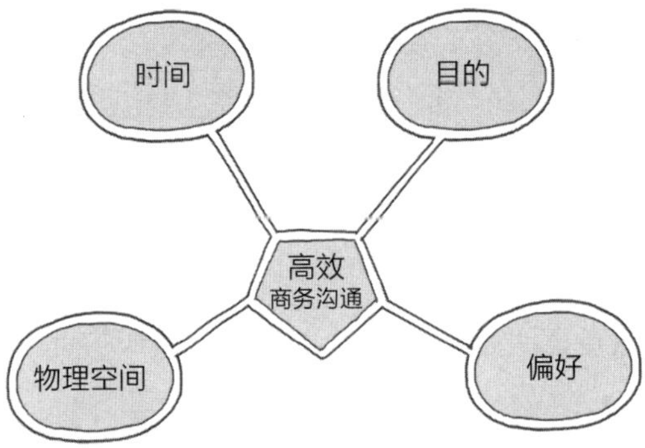


图 9–4　高效商务沟通的外部影响要素

**时间**：根据项目的周期和进展来选择沟通方式和设计沟通内容。在 1 个月以内的短期项目中，时间因素相对简单，但要格外注意相关方，尤其是上级或客户，在沟通风格上，做适当的预期管理。比如，面对重视微观细节的领导者，沟通的频率和颗粒度都要有意识地提升。在项目周期比较长（1个月以上）的项目中，有必要设计比较正式的与各相关方的沟通计划，并明确告知相关方。在典型的8~10周的战略项目中，一般会有两次关键的汇报：发生在1个月左右被称为“中期汇报”的沟通，确保项目的方向正确并与相关方同步最新的信息；另一次是发生在最后一周的“最终汇报”，呈现最终交付物。除了这两次关键汇报，建议项目负责人提前与有影响力的决策者约好固定频率的简短非正式沟通，比如一周一次30分钟的电话、面谈，或至少以电子邮件形式的总结，以确保决策者的参与并及时提供反馈的机会。由于决策人的时间往往十分宝贵，预约一般都是先到先得，所以这个预约动作有时候戏称为“占坑儿的权益”。

**物理空间：**关键的商务沟通一定要提前准备好会议的场地和设备，这一切都出于对参会者的尊重。把控物理空间的细节，如投影仪、麦克风、座椅摆设、名签等，如果有远程参加会议的，还要注意音视频会议的设备调配等。设想参会者百忙之中抽出时间来开会，落座之后却发现展示团队手忙脚乱地在连接设备或接入远程视频，这会产生极大的负面影响：不但浪费所有人的时间，而且小事上的不周全会让参会者对将要呈现的内容品质产生怀疑，丢了关键的印象分。如果没有机会提前熟悉物理空间，团队负责人则应尽早到场做好准备。面对突发事件时，团队负责人也要创造性地利用所有呈现形式。如果投影仪不好用，也没有白板，团队负责人总有提前设计好的B计划，比如将准备好的印制材料分发给参会者，一边不慌不忙地口头讲解，一边安排团队成员修复设备使用。

**目的：**商业沟通要以结果为导向，要明确沟通想达到的目的。具体目的多种多样，比如计划得到参会者的同意，资源在多长时间内到位，等等。为了达到这些既定的目的，会议的主讲人或主持人的引导作用十分重要，当发现讨论过于发散，会议主持人要礼貌地提醒与会人员聚焦当前的议题。只在会上聚焦还远远不够，很多会议都存在会上很热闹、会下不了了之的有始无终的状况。因此，关键会议一定要安排专人做会议记录，总结会议要点，并在会议之后将其发送给所有相关人并确认。会议纪要中有一个重要的部分就是下一步的行动清单，遵循 SMART 原则：具体（Specific），可衡量（Measurable），能落地（Actionable），有时效（Time-Bound），并每项都有负责人（Responsible）。这套法则是传统时间管理 SMART[1] 方法的变通。这些貌似强势的做法都是结果导向，把重大决策和后续的行动文字化，留下记录并确保项目按既定节奏推进。

**听众的交流习惯 / 偏好**：每个公司交流的风格不尽相同，项目团队应予以尊重并适应。对于重要的会议，要在开会前做好足够的工作，对参会者的背景、意愿、交流偏好和参会目的有初步的判断。比如，有些企业遵循等级森严的军事化管理，推崇严格上下级的命令式交流方式，就连会议座次和发言顺序都十分讲究，不鼓励任何“越级”交流。这就要求我们“接地气”，根据听众偏好调整商务沟通的形式，比如严谨的书面表述、详尽的支持文档和比较正式的口头陈述。而且，由于交流习惯的差异，在类似企业中，非正式的头脑风暴类讨论尽量控制在小范围的同级别管理者之间；跨层级的讨论往往成为领导者的“一言堂”，达不到预想的参与效果。而在比较活跃的企业中，尤其是偏年轻化的互

---

[1] 传统 SMART 原则：S 代表具体（Specific），指绩效考核要切中特定的工作指标，不能笼统；M 代表可度量（Measurable），指绩效指标是数量化或行为化的，验证这些绩效指标的数据或者信息是可以获得的；A 代表可实现（Attainable），指绩效指标在付出努力的情况下可以实现，避免设立过高或过低的目标；R 代表相关性（Relevant），指绩效指标是与工作的其他目标和本职工作相关联的；T 代表有时限（Time-bound），注重完成绩效指标的特定期限。

联网企业，“不端不装”非正式但干货满满的直接交流被推崇，也要根据听众的交流偏好，重塑商务交流的方式。比如，以大量数字为导向的分析呈现，多用视频等直观且容易理解的媒介，直奔主题并加快交流节奏等。

以上简略地介绍了影响商务交流的四大外部因素，作为结语，还是要强调一下“用心”交流的重要性。新麦肯锡方法论第五步“交付”是之前四步所做努力的汇总，是“想清楚”后“说明白”的重要过程，在一定程度上决定了项目的成功与否。“用心”去做商务沟通，要求大家明辨包括时间、空间、目的和偏好等外部因素，全力做好商务沟通的准备。世上没有所谓的“过度准备”或“过度礼貌”。过度远优于准备不足和礼貌不周。这也是麦肯锡类公司在战略咨询项目中对每页 PPT 都精益求精，而且要求咨询师永远穿着正式并举止得体的原因。

### 9.2.3 商务沟通的 3S 原则

接下来，我们再来看看高效商务沟通的内在原则。每一次成功的商务沟通都是悉心准备的结果。战略咨询公司对高效商务沟通十分重视，在多年项目实战中，我们总结了许多值得借鉴的经验。这里介绍一下麦肯锡商务沟通的 3S 原则（见图 9-5），它包括严谨缜密的战略（Thoughtful Strategy）、紧凑的结构（Tight Structure）和专业的风格（Professional Style）。

**严谨缜密的战略**：重要的商务沟通需要宏观战略和具体战术部署。在沟通的内容和频率上，要保持平衡的“度”：“过度沟通”和“不充足沟通”同样会造成负面效果。而且，要认清内部交流和对外沟通是两种截然不同的交流方式，应予以严格区分：在对外沟通的授权人员、内容和方式等方面都要有明确的界定。比如，要在团队内部明确对外交流的规则，明确单一的对外信息出口以确

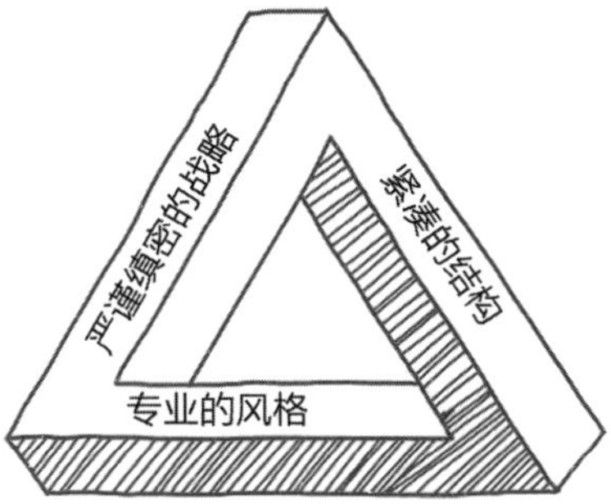


图 9-5　高效沟通 3S 原则

保信息一致，杜绝项目内部敏感信息（如提出假设过程中生成的未被验证的假设清单）外泄。对外信息交流一般遵循“有效至简”的原则，即给相关方提供恰好足够的信息，冗余而无关的信息不利于听众聚焦，也容易使数据出错。

商务沟通在战术上有很多技巧，并非本书阐述的重点。在前文“答题器的奥秘”的案例中，大家可以体会到麦肯锡类咨询公司在商务沟通中细致的战术部署，如沟通的流程和角色分工等。每次重要的汇报都要经过多轮的演练才能确保万无一失。

**紧凑的结构：**高效沟通必须有结构。拥有结构化战略思维能力后，对要解决的问题已经可以系统化地拆分，为沟通的结构打下坚实的基础。下面将要介绍的金字塔原则、故事线和 SCP 框架等商务沟通的工具，都可以帮助大家更有结构地沟通。比如，故事线把商业计划等商业沟通分成五大因素（为什么、用什么、怎么解决、为什么是你和投入产出），每个元素都是高效沟通必不可少的组成部分，是高效商务沟通的基础。后面会把故事线详细展开解释。这些框架并不意味着鼓励机械地照搬照抄，毕竟沟通有个性化的艺术成分。但只有在紧凑结构的基础上，沟通者再发挥个人风格，才能做到近乎完美的交流。

专业的风格：沟通的方式不同，专业的风格也各有特色。比如 PPT，咨询公司非常强调 PPT 风格的统一。顶级战略咨询公司基本都有各自的专用色系：麦肯锡的蓝、波士顿咨询的绿和贝恩的红。色系会在所有 PPT 和其他展示媒介上反复强化，给观众强烈的视觉统一性，强化了品牌的识别度。除了颜色，咨询公司还强调视觉上的简洁。“少即是多”，专业交流是以“干货”和“洞见”服人，而不是靠酷炫的视觉设计，因此，任何分散观众注意力的浮夸修饰都被禁用。在 PPT 展示上，杜绝各种展示层面的雕虫小技，比如大小参差不齐的字号、花哨的颜色，以及飞进飞出的动画特效等。其他沟通方式也需要有专业的风格。比如商务交流的口头陈述要求有别于日常聊天，语气、情绪甚至用词都有讲究，要符合咨询师的专业身份。

### 9.2.4 商务沟通的工具

#### 9.2.4.1 金字塔原则

很多专著都详细介绍过金字塔原则，其中较著名的有前麦肯锡咨询师芭芭拉·明托的《金字塔原理》[1]。麦肯锡毕业生冯唐曾评价说：“金字塔原则看似废话，但确实是一个伟大的原则，一个伟大的方法论。”然后提炼道，“金字塔原则就是，任何事情都可以归纳出一个中心论点，而此中心论点可由三至七个论据支持，这些一级论据本身也可以是个论点，被二级的三至七个论据支持，如此延伸，状如金字塔。”[2]

不管是本书讨论的自上而下“切”的方法论，还是传统的自下而上厚积薄

---

[1] 芭芭拉·明托 . 金字塔原理 [M]. 王德思，张珣，译 . 北京：民主与建设出版社，2002。

[2] 冯唐：老聃的金字塔原则。

发的归纳总结，最终结果的呈现形式都是类似的塔状或树状结构（见图 9-6）。这种殊途同归也显示了这个简单原理的普适性。从高效商务沟通的角度，正统而专业的沟通者基本都是按照从上到下、论点先行的沟通顺序：先说要点，再解释支持的论点或论据。

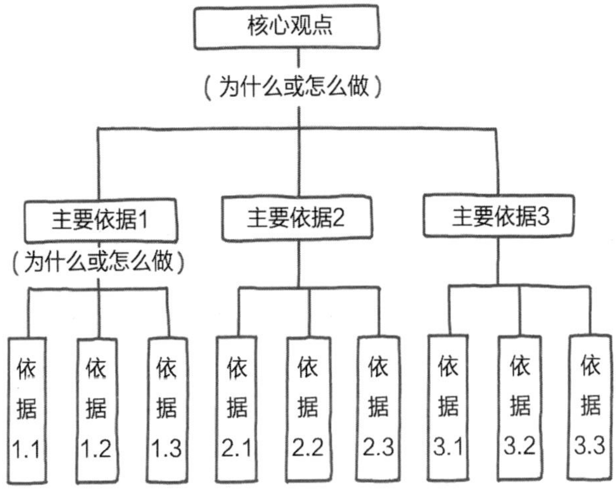


图 9-6　金字塔原则示意图

金字塔结构的每一层相对于上一层节点也要符合 MECE 原则：每个论点或论据要相互独立不重叠；加起来是上一节点的全部相关内容。“独立不重叠”是必须遵守的原则，如果交叉或重叠，就会在逻辑上产生严重错误。例如，总问题是“如何提高人们的生活水平”。第一个分论题是“如何提高农民的生活水平”，而第二个分论题是“如何提高女人的生活水平”，这就违反了 MECE 原则的“独立无重叠”要求。

对于 MECE 原则“穷尽所有可能”的要求，在商务沟通时则会相对放宽。如果在沟通时穷尽所有可能，很多时候会造成过于冗长而重点不突出，因此可以适当挑选最重要的，注明“非穷尽”。即使这样，从专业性角度出发，在沟通的开篇也要用极简的语言提及其他内容的存在。

例如，我们计划写一篇关于美国通用电气公司的成功因素的文章，而文章计划偏重论述通用电气在人力资源管理上的特色。我们不妨借用金字塔原则思考文章的结构。可以用MECE原理构建“公司成功因素”问题的下一层子目录，从全局视角看问题的宏观结构。“人力资源管理”是按照公司内部管理职能来“切”这个问题的。与“人力资源管理”同级的子目录还应该有“研发”“生产制造”“销售市场”和“服务”等。因为聚焦“人力资源管理”，接着把人力资源管理的下一层子目录也梳理出来，比如领导者传承、员工发展、激励和文化等（见图9-7）。

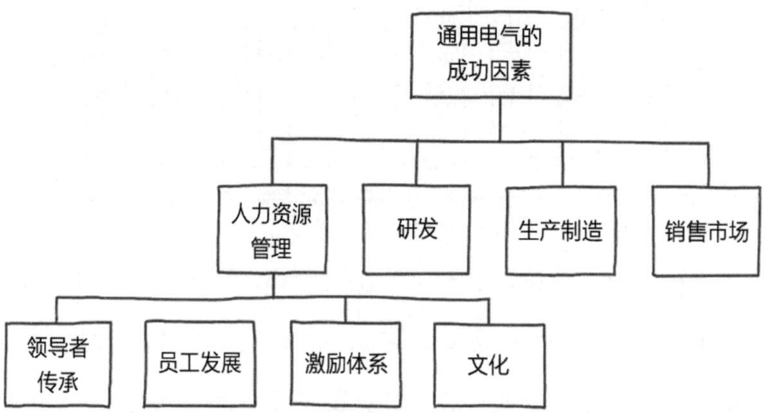


图 9–7　通用电气的成功因素金字塔分析

在讨论通用电气的成功因素的话题下，这篇关于通用电气人力资源管理的专业文章开头不妨加上简短的对第一层切分的总结。

“世界知名企业成功的因素多种多样，成功企业在内部管理上对人力资源管理、研发、制造和服务等不同内部职能的优势各有千秋。通用电气在人力资源管理上的特色十分鲜明……”

这样的概述给文章以明确的上下文，让文章在具有专业深度的同时也显示了作者对企业内部管理全局的认知。

在构建复杂结构时，金字塔原则是不二的选择。比如本书的写作方法就是先整理出纲要，在结构清晰之后再填写具体内容。在清晰的纲要引导下，作者写得顺，读者也容易跟得上思路。

金字塔原则也可以辅助我们提升阅读速度。每天都在移动端做大量的快餐式阅读。遇到较长的文章，往往先通读文章的小标题。这些小标题其实就是金字塔结构的分支节点或分论点。作为思辨者，习惯消费信息的时候，要职业病般地鉴别写作结构是否符合 MECE 原则。

#### 9.2.4.2 故事线

从本质上讲，商务沟通就是“讲故事”。“会讲故事”在当今的创业或投资语境下，略带贬义。骗局的确太多，许多人靠一套 PPT 和坚毅的眼神，骗走了投资人的信任和金钱。人们习惯性地将“讲故事”与“忽悠”联系在一起，也就把讲故事的能力与真实的业务能力对立起来。所谓有真材实料的实干者，往往认为眼前的不顺就是由于自己不屑或不会“讲故事”而错失了良机。

然而，抱怨是失败者的统一“着装”。讲故事，其实是创业者获得成功的必备技能。不会“讲故事”而失败纯属是个体因缺乏交流能力所致，应该输得心服口服。因为有真材实料的实干家，同时也可以是个出色的段子手。

“故事线”就是将故事的核心要素用最常用的顺序串联起来。商业计划书类文档都要遵守故事线原则。一般来讲，故事线是 5W2H 分析法（又叫七问分析法）的简化版。5W2H 包括：为什么（Why）、用什么（What）、何人做（Who）、何时（When）、何地（Where）、如何做（How）、多少钱（How much)。其实，何时（When）、何地（Where）都可以包括在如何做（How）中，所以在这里，我把 5W2H 简化成 3W2H（见图 9-8）。

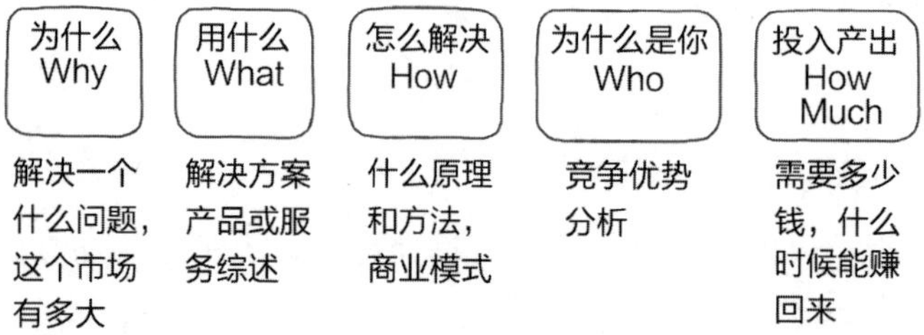


图 9-8 “故事线”的 3W2H

这 5 个元素的内涵相对容易理解。假设我们要做一个线上少儿英语学习平台，需要通过融资扩大影响力。如何用故事线的 5 个元素制定商业计划书吸引投资者呢？

为什么（Why）：为什么要做这样一个线上少儿英语学习产品，有什么样的市场需求没有被满足？因为少儿英语学习是刚需，而线下课堂虽然互动性强，但面临教师资源不平衡（如缺乏优质外教）、时间和场地不灵活、卫生消防风险等困境。

用什么（What）：用什么样的产品来满足这个需求？计划用纯线上解决方案作为线下英语教学的补充，自主研发的教务、小班课直播和互动课件体系，采用欧美外教和本地化的经典原版教材进行授课，突出好老师、好教材和好服务。

怎么做（How）：如何做这个线上产品，商业模式是什么？采用外教直播“一对多”小班课模式，盈利能力强。用免费、高质量的内容引流，降低获客成本。强大的信息储备、一流的教研能力和服务经验确保业界领先的实施落地。

为什么是你（Who）：凭什么由你来做的这个产品会优于其他已存在的竞品或潜在的进入者？竞争优势是什么？团队强，有多年的线上教学知识经验储备。核心战略投资方协力强，如线下导流等。

多少钱（How much）：公司需要多少钱，投资回报率（ROI）是多少？过往和预测的财务模型都说明该业务具有超强的盈利能力。提供财务模型，并聚焦成本结构及其基本假设。

如果把“故事线”的核心元素，尤其是前 4 个元素串起来，就会发现它与之前口头陈述章节中介绍的“电梯陈述”的内容相辅相成。“电梯陈述”要求陈述者用 30~60 秒把相对复杂的商业主张以口头沟通的形式完成表达。这一要求看似简单，实际上对没有受过结构化训练的人来说是一项严峻的挑战。因为这要求讲述者对商业主张（故事）的核心元素理解透彻并融会贯通，将“为什么”等问题的答案萃取成一两句简明扼要且要上下自然衔接的叙述。讲述者如果能在类似电梯里的场所从容而完满地回答“为什么”“用什么”“怎么做”和“为什么是你”等问题，也就完成了电梯陈述的核心任务。

#### 9.2.4.3 SCP 叙述框架

故事线 5 个元素中的“为什么”（Why）具有特殊重要的意义，需要格外关注。虽然故事线的核心要素可以在顺序上进行调整，但强烈建议故事线总始于“为什么”。

成功的商业计划书开篇有个模式：第一页的隐标题永远是“这是个糟糕透顶的世界”。“糟糕的世界”其实就是用来直接回答“为什么”这个问题的。在更深层次上，这说明我们的产品和服务的思路是从“刚需”开始的，是要解决消费者未被满足的刚需。反过来，如果这不是个“糟糕的世界”，世界已经完美，即所有需求都被完美地满足了，那么我们要投入的新产品和新服务就完全没有产生的必要！

“需求导向”与“产品本位”的产品观不同。如果新产品介绍开篇就讲产品如何优秀而一定能大卖，那么这种叙事就折射了“产品本位”的危险思路。我辅导过一些基于 BAT 大生态内部孵化出来的创新项目，其中不乏产品本位的创业者。这些高管们信心爆棚，把优秀产品会大卖作为不争的事实看待。他们往往不重视需求，惯性地把平台导流和生态协力当成营销获客的万能钥匙。此类创业者从开始就忽略了市场刚需，往往在战略方向上埋下了偏误的种子，大多不能长久。

想要讲明白“为什么”并描述清楚这个“糟糕的世界”也不是件容易的事情。介绍一个讲行业故事的 SCP 叙述框架。SCP 是“规则 / 结构”（Structure）“行为”（Conduct）和“业绩”（Performance）的组合（见图 9-9），被用来描述行业现状的叙述框架。

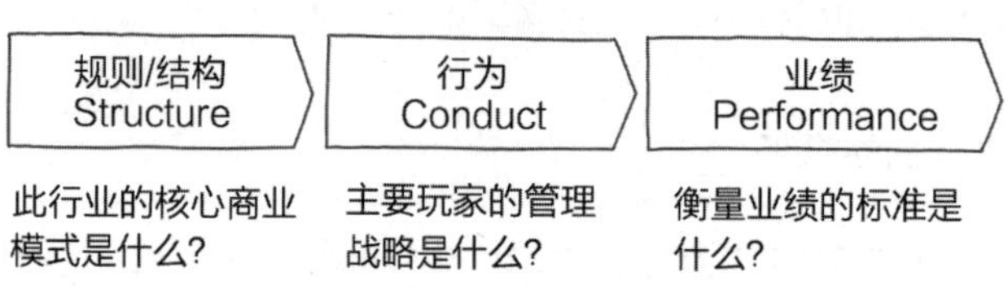


图 9–9　SCP 叙述框架

**规则 / 结构**：聚焦一个特定行业 / 赛道，简洁地描述这个行业的整体商业模式，即规则。以前讨论过的行业吸引力波特五力模型在这里可以用来描述赛道。然后分析一下大多数企业的基本商业模式，比如轻资产 / 重资产、信息技术科技含量、品牌重要性、专业运营要求以及现金流要求等。

**行为**：由于有了主流商业模式，各个头部或特色企业利用什么样的管理战略赢得或守住自己的市场份额？例如，科技壁垒、IP 品牌影响力、运营经验和成本优势、规模化生产和生态战术等。

**业绩**：由于这样的结构和相应的市场行为，行业中主要玩家的财务和非财务的业绩如何？财务业绩比较好理解，就是盈利情况和预计增幅等。非财务业绩包括流量、用户活跃度、品牌影响力等不能直接用金额匡算的价值。

SCP 叙述框架用鲜明的线性叙述环环相扣地描述了某个商业赛道的状况，那么，如何在现状基础上引入“糟糕的世界”中“未被满足的刚需”呢？解法就是在 SCP 叙述框架中加入“冲击”（Impact），以此讲述“为什么”。

冲击是指重大的变化，可来自不同的源头，但它们在本质上影响甚至颠覆了原有的平衡。新的消费者 / 需求出现，或已有消费者的消费习惯和品位发生变化是主流的冲击。比如 2010 年以后，国内消费能力的崛起和消费水平升级，直接促使对咖啡的接受度提升，从而冲击了传统饮品的原有业态。宏观经济环境的变化、政府政策的改变甚至大规模的突发事件也可以对行业产生巨大冲击。比如在政策层面，政府大力度扶持芯片等战略行业，给予大力度资本倾斜和税收等优惠政策，直接影响产业结构的冲击。

如图 9-10 所示，SCP+I 的故事叙述顺序如下：首先，把 SCP 按结构顺序讲明白，先讲行业特色和商业模式；其次，讲主要的企业玩家是如何各显神通地在这个行业打拼；最后，谈一下各企业的成绩和企业表现如何。SCP 讲完，新的冲击隆重登场。由于这个冲击的存在，相关的供需平衡被打破：已有的产品无法满足冲击下的需求。新产品是为新需求而生的，就是来满足那个未被完美满足的刚需。

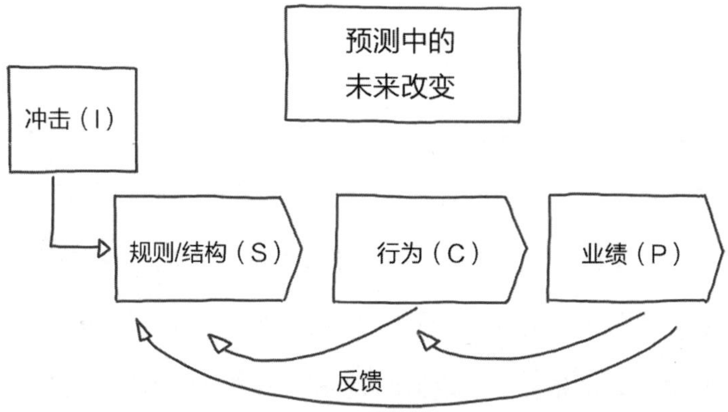


图 9–10　SCP+I 叙述框架

接下来，我将用具体的案例来演示 SCP+I 叙述框架的用法。大家参加过音乐节吗？例如知名的“迷笛音乐节”“草莓音乐节”和很多企业冠名的音乐节，它们大多是聚焦一个音乐类型，在户外举办的大型音乐活动。那么，音乐节这个行业赚钱吗？有什么新机会呢？在这里，我用音乐文化节这个品类[1]来演示 SCP+I 叙述框架的用法。

假设要设计一个全新的音乐节，商业计划书必须先回答故事线的第一个问题，即“为什么”市场需要新的音乐节。项目的叙述可以这样开始。

**总结句：**音乐节是个相对艰难的赛道，大多数现有玩家处于亏损或微利状态。

**规则 / 结构：**音乐节进入门槛相对较低，潜在投资者误认为靠大量投资就能成功。音乐节是相对轻资产的行业，但音乐节对自身品牌、专业运营能力和成本控制要求较高。新品牌盈利需要 3~5 年以上的培育，周期较长。

[1] 只是示例，有待深度调研。

行为：头部企业如摩登天空，其“草莓音乐节”聚焦小众民谣类，对粉丝具有一定的品牌号召力。外加多年运营经验及成本控制，逐渐呈良性发展。而单纯靠资本或政府支持进入的投机玩家往往难以立足。

业绩：音乐节赛道比其他娱乐形式（如影视）规模小，整个行业盈利状况一般。

冲击：当今市场发生了变化。“95后”甚至“00后”逐渐成为主流消费群体。他们消费能力强，对音乐节有新的需求：更偏向主流音乐、多元化品位、跨界（二次元、极限运动等）。目前，音乐节主要服务于“70后”“80后”人群，完全不能满足新消费群体的需求。

经过对SCP+I叙述框架的描述，“糟糕的世界”跃然纸上！新的音乐节产品一定要扣住在“冲击”中提及的消费群体新的独特需求，应用故事线其他要素展开解释。用什么音乐节产品来迎战这个需求的变化？产品是如何满足这个需求的？为什么我们能做而别人不能做？最后才谈做这些产品需要多少资金以及投资回报率之类的内容。

故事线加SCP+I叙述框架是讲好故事的基本法则。故事线5个因素是完整商业计划书必备的，SCP+I叙述框架可以帮助我们把第一个因素“为什么”讲得更透彻。根据不同听众，要灵活应用，有些部分（如财务预测）可以根据实际情况酌情控制沟通繁简程度。

#### 9.2.4.4　点线大纲

简短介绍一个和“故事线”相辅相成的实用呈现工具：点线大纲。点线大纲是战略咨询公司内部常用的交流形式，主要作为沟通战略分析核心要点和支持素材的有效载体。点线大纲是“故事线”梗概的一种呈现形式，也是2~3层的金字塔问题分解纲要的文档备忘录呈现形式（见图 9-11）。由于点线大纲无须绘制塔状 / 树状层级结构，更便于通过电子邮件和短信等形式进行沟通，因其便捷性被咨询公司广泛应用。

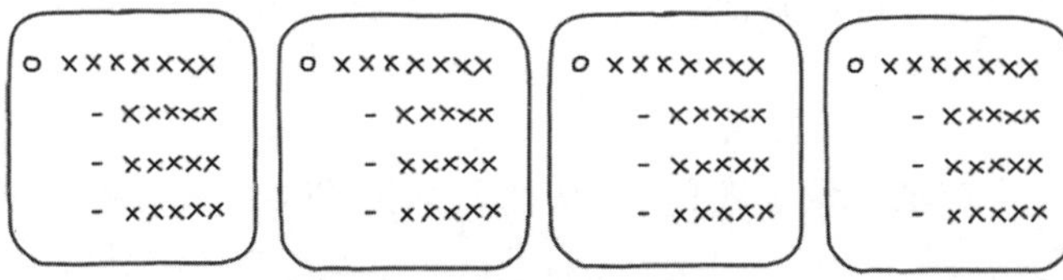

图 9-11　点线大纲的呈现形式

点线大纲的“点”是核心观点，在呈现过程中，每个第一层要点之前都要放置一个“点”符号来提引和间隔。而“线”是“点”再下一层分解的分论点或支持论据，在呈现上，在每个“点”的下面用短横线来提引和间隔。点线大纲既适用于讨论整个项目层面的故事线逻辑，也适用于讨论细节到每个要素的支持要点。

“点”后面承接的是核心观点，意味着它必须是一个洞见或判断。我们经常看到以简单的名词词组作为要点，比如“财务状况”或“团队构成”，然后后面放一个冒号作为将要进行详尽说明的提示。这种做法不符合我们对“点”的要求，名词词组作为“点”的问题在于它缺乏了“点”本应具备的判断，由于缺少判断，从而需要读者从下一层“线”的细节中加以提炼和总结，这大大增加了沟通成本。

“线”是下一层分解的分论点或支持论据。分论点要遵守 MECE 原则，也就是说，每个分论点之间相互独立不重叠，且加起来应该涵盖所有相关的观点。我们经常看到的逻辑错误是将不同层面的论点混在一起，这严重违反了 MECE 原则。如果“线”后面承接的是论据，就要尽量将关键相关的具体数字加入论据阐述中。同样是论据支撑，带有数字的要比宽泛的主观判断更具有说服力。

点线大纲在咨询公司中的广泛使用也彰显了咨询公司在项目上结果导向的风格。即使是在项目初期，当所有观点还处于假设状态时，团队内部也强调整个解决方案在结构和逻辑上的严谨性。项目负责人经常会拷问团队：在现有假设都成立的基础上，整个解决方案的逻辑是什么？故事线是这种交流的框架，而点线大纲是内部沟通故事线的主要呈现方式。故事线会随着假设的被证实或证伪而变化，点线大纲也会被多次改写直至确认最终版本。在这个过程中，点线大纲也成了团队内部沟通的核心工具之一。

### 9.2.5 高效商务沟通需要注意的细节

#### 9.2.5.1 至简原则

大道至简。

——老子

大道至简。“至简”就是在保证高效的前提下将内容的复杂度降到最低，这也是商务交流的指导原则，而能够化繁为简是思辨者在高效沟通中必须具备的核心能力。“至简原则”要求通过换位思考、提炼和清晰阐述 3 个要素，全面、细致地探究商务沟通的核心和本质。培养化繁为简的能力绝非一日之功，需要有意识地磨炼提升。

著名设计师西格尔（Siegel）在《简法》（*Simple*）一书中列举了发生在他身边惊人的复杂性：在摩根大通（JPMorgan Chase）的员工手册中，有 100 多条员工每天必须遵守的原则；在美妆店丝芙兰（SEPHORA），有近 400 种香水；

在美国医疗服务的数据库里有 15 000 多条诊断名称。

复杂同样占领了我们熟悉的空间，在衣食住行的各个方面，有太多的选择，而对于每种选择，都有各类大量的信息可供参考。打开知名电商的手机商城，选项多得目不暇接，手机下滑屏幕产品信息好像无穷尽。比如，手机淘宝首页中有 20 多个目录入口。在首页的中间二级子目录中又有 20 个链接。这种功能的视觉堆砌的确营造了品类丰富的感觉，但同时给消费者的选择带来很大的挑战。

简约风格与目前的消费趋势越来越吻合。“Less is More”[1]的简约原则源于建筑学，“少就是多”要求用更少的信息来显示更多的内涵，此理念也逐渐被其他领域接受。美国咨询公司 Outlaw Consulting 对“80 后”和“90 后”消费者调研发现，主流消费者对商家的“直接和简化的沟通”是十分推崇的，并列举了美国符合简化原则的品牌。

中国的酒类品牌江小白与年轻消费者直接、简洁且有个性的交流也是可圈可点的成功营销案例。“我是江小白，生活很简单”的标语和简易的卡通形象切中了很多奋斗在都市的“80 后”和“90 后”青年的落寞、无奈（见图 9-12）。商家直白的宣传手段抓住了酒类产品年轻化和个性化的消费趋势[2]。

至简大师、苹果之父史蒂夫·乔布斯（Steve Jobs）曾说：“聚焦就是要说‘不’。你必须学会说‘不’。聚焦的结果就是一个伟大的产品，这个产品整体的价值远超于所有部件加起来的总和。”苹果公司的产品就是提炼出来的最终结果。不要错误地认为给用户“更多”的产品或服务就是“更好”；在很多时候，我们“去除什么”更重要。

---

[1] 密斯·凡·德·罗（Ludwig Mies Van der Rohe），德国建筑师。

[2] 江小白文案。

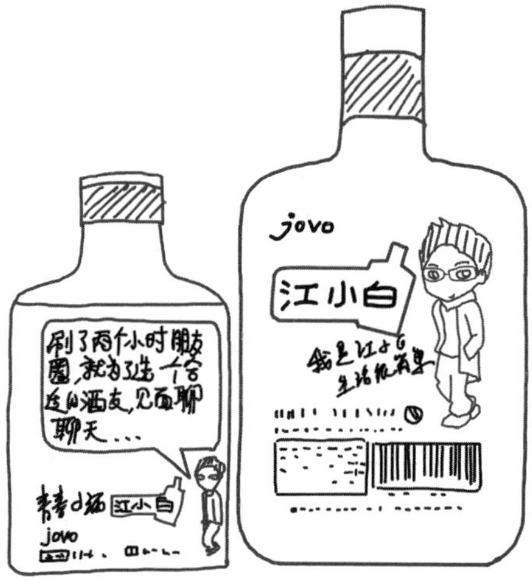


图 9–12　江小白简洁有个性的包装

“少就是多”的观点不难被认同，要做到绝非易事。简洁的困难之处在于作为交流的主导者，我们被迫为听众事先做出关键性选择。在个性化被推崇的大潮下，预选风险不言而喻。如何平衡简单和个性化，是简化过程中必须面对的问题。

接下来，一起看看设计大师西格尔提炼出的关于简化的 3 大核心要素：换位思考、提炼和清晰阐述（见图 9-13）。

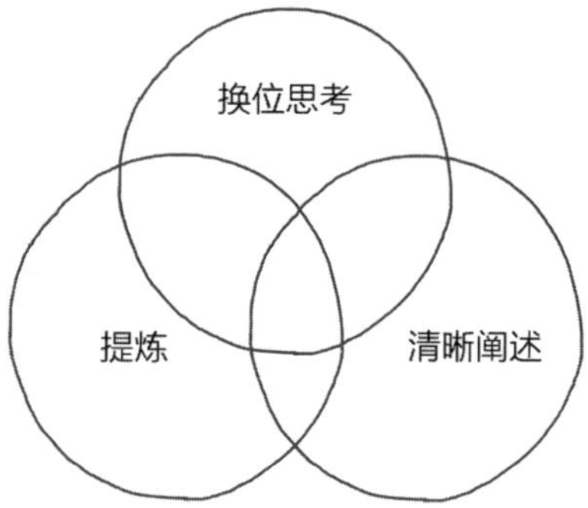


图 9–13　简化的 3 大核心要素

**换位思考：**换位思考要求创业者从客户和听众的角度来看待自己的产品和服务，用心体会目标客户的需求和体验，用客户触点和路径设身处地地体会客户在产品全生命周期内可能提出的需求和遇到的问题。在交流的时候，创业者应从客户的角度去阐述，预先想清楚对客户需求和会遇到的问题的回应并及时沟通。

**提炼：**提炼需要我们反复磨炼沟通的内容。“少就是多”（Less is More），在不损失价值的情况下，给予消费者 / 听众最少的信息和选择。比如，美国非常受欢迎的线下店 Trader Joe’s，还有最近进入中国的开市客（Costco），其成功的一个核心要素就是减少单品的数量。Trader Joe’s 平均每个实体店只有 4 000 个左右精选单品，是其他同类货场的 1/10。这要求商家深谙消费者的购买标准和消费习惯，为消费者着想并提前为之做出选择。与选品相似，提炼在沟通中表现为不懈地总结归纳并迭代内容。提炼是个有意识的思考过程，也需要一定的创造力，在后续十大习惯的“总结提炼”的部分，我们将会对此进行更深入的探讨。

**清晰阐述：**清晰阐述要求有逻辑、温度和可信度的直白交流。沟通用语上用大白话而不是专业术语，不要听起来中规中矩、毫无特色或者只会“掉书袋”。在交流顺序上，开篇明义先说洞见，而不是流水账般絮叨很久，最后才说出结论。

“至简原则”要求我们通过换位思考、提炼和清晰阐述三大要素全面、细致地探究商务沟通的核心和本质；在洞悉核心和本质之后，又要求用平实的语言简洁而清晰地交流。

### 9.2.5.2 风格呈现：麦肯锡的 200 种蓝

本书中提供了很多沟通框架和模型，高效沟通绝非照本宣科就能取得效果。以麦肯锡正式交流的风格为例，上文提到“至简原则”在咨询实战中的一种商务诠释。

在麦肯锡公司有许多不成文的规范，比如对呈现形式的细节就有非常精确的要求。其中有一项是“杜绝花哨的颜色”，要求所有文本以蓝色冷色系为主。咨询师们需要绞尽脑汁用多种深浅不一的蓝色在文档中标识差异。

麦肯锡对呈现形式和风格的要求远不止于颜色。公司里经常听到不同版本的近乎鸡蛋里挑骨头的传说。某资深合伙人在项目会议室大发雷霆，甚至把印制的项目文稿扔在地上并踩踏，只因为厚厚的文档中有一页材料没有注明页码；几个团队的伙伴在内审 PPT 草稿，某项目经理严厉批评新人：“字号怎么能用 14 号，这个层级只能用 12 号！”新人泪流满面，经理依然不依不饶……虽说以上描述有些夸张，但这种对细节的完美近于偏执般的追求，已成为麦肯锡文化的重要组成部分并一直传承。

这里展示一张隐去客户具体内容的普通 PPT 文档[1]（见图 9-14），我们来一起探究麦肯锡呈现的合格标准。

此页 PPT 呈现的是市场调研结果，并不是多维关键图谱。这样的展示页在文档里有很多，而大多都被埋在材料厚厚的附录中。即使这样的一张普通 PPT，我们仔细观察它的细节，也会有所启发。

自上而下，从中心到周围依次看看其中的展示元素。

[1] 来自麦肯锡内部培训材料。

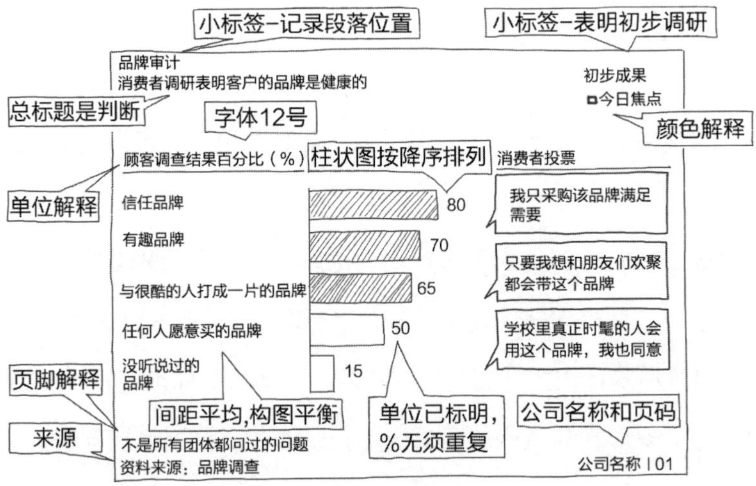


图 9–14　PPT 普通文档示例

**标题**：在 PPT 每页最上面一行加粗的大字。每页 PPT 必须有标题，而且一定是有判断的句子，而不能是无判断的名词词组。标题给读者提供了本页展示的中心观点。如果标题是一个无判断的缺少观点的名词（如“市场调研结果”），读者就要被迫仔细看整篇内容从中自己提炼观点。这会大大提高沟通成本，并造成不必要的不确定性甚至引发读者的不满。例子里这个标题就是个判断句，明确告诉读者“消费者调研表明客户的品牌是健康的”。

**图表**：图表是数字流程等在 PPT 中的视觉化，本页 PPT 的中心是一个柱状图。因为图表具有较强的视觉冲击效果和相对容易理解的优势，麦肯锡提倡用视觉化的图谱替代纯文本的数字。这个柱状图总结了调研的结果，并直接支持标题的核心论点。在制作 PPT 文档时，杜绝单纯地粘贴已有的图表，要依据“最简原则”对图表进行修改，任何与主题“品牌健康”不相关的数据点都没有包含在图谱中。为了让读者方便阅读，图表要做最基础的视觉增强，比如本页

PPT 中柱状图是按降序排列的。

颜色和字号：颜色是指 PPT 上的色系，字号是主页上核心文字的大小。麦肯锡的 PPT 以蓝色冷色系为主，只有在特殊情况下才采取标红等方式突出要点。咨询师需要用不同的蓝色来表示强调或区分不同内容。其他战略咨询公司也有自己的主题颜色，同样有体系化地彰显公司品牌特色。与颜色相似，字号也要统一。除了大小标题和注释，正文一般都用一样的字号。对字号的要求并不像颜色那样严格，另外，字号也会显示地域特色：比如德国办公室出品的 PPT 多用 10 号或 12 号小字体，密密麻麻地记录细节；而美国和中国等最常见的是 14 号字体。

小标题、出处和页码：上述示例中有很多细节的辅助标注，比如图表单位解释、初步成果的解释、段落位置的标记、出处和页码等。小标题提供了附加的辅助信息，便于阅读。咨询中十分重视数字的出处，要求任何数字和引用都必须标明来源。如果是根据自己的调研得出的结果，要标明出处是“团队调研”。页码也很重要，不管是什么样的文档，都必须标注页码，否则在与客户讲述具体内容的时候，尤其是通过电话会议沟通时，会给沟通带来不必要的麻烦。

其他视觉细节：咨询公司都十分重视展现的细节。文字和图形之间的行距一定要平均并对齐，参差不齐会显得极为草率和不专业。文字左对齐是最常见的；英文段落一般不需要两端对齐，以避免单词之间的间隔过大。如果有多个图或表，排列时要把最重要的自左向右或从上而下排列，这样符合大部分人的阅读顺序。还有更多更细节的要求，在这里只做简单列举，比如每页 PPT 的标题尽量不要超过一行，否则会在视觉上产生负面影响。汉字短小精练，在这方面就略占便宜，但英文就没那么幸运了，比如“管理”一词的中文只有两个字符，而“管理”的英文 management 就是 10 个字母，占去更多的空间，这也就意味着用英文写 PPT 的题目需要精减文字。

通过对一页普通 PPT 的展示分解，大家已经感受到麦肯锡在呈现上对细节管理的重视。风格没有对错，也没有最佳和唯一，在 PPT 逐渐被弱化的今天，多媒体甚至沉浸式的展示蔚然成风。但不管什么样的交流呈现方式和个性化风格，战略咨询公司所遵循的至简等原则，以及本章提到的金字塔原则、故事线、SCP 叙述框架和点线大纲等工具，仍然对职场精英提升自身交流能力具有极高的借鉴意义。

综上所述，新麦肯锡五步法从项目管理的角度，端到端地串起战略项目解决方案从开始定义问题到最后交付的 5 个关键步骤。

最后，我们要特别说明一下新麦肯锡五步法在应用场景上存在的局限。

如前所述，新麦肯锡五步法不仅是一种高效的项目运作方法，也是解决问题普遍适用的方法论之一。但新麦肯锡五步法绝非唯一的方法，在某些特定场景下，它甚至不是最有效的方法。

新麦肯锡五步法擅长解决没有过往先例的至难的战略性问题，能让团队充满信心地快速认知和学习，大胆假设并仔细验证后快速生成最佳解决方案。

然而，新麦肯锡五步法是认知方法论，它只能加速知识技能的学习，但并不等同于具体的知识技能。当面对常见的重复性的专业问题时，更好的选择是咨询已经拥有扎实知识储备的专家。专家们厚积薄发地体系化学习某一细分领域，并经过多年实践的磨炼，会用行业最佳解决方案来快速解决具体问题。可以用新麦肯锡五步法从定义问题开始讨论是不是应该去火星殖民，但载人去火星的火箭助推器的高温叶片设计项目应该由专家来主导。

战略思维与专业技能不仅不冲突，而且相辅相成。如果专家们能够在自己扎实的知识储备的基础上，敞开心扉接受并纯熟地应用新麦肯锡五步法这样自上而下的战略思维方式，那么他们就会成为既了解科技的潜能又有战略高度的职场上最受追捧的复合型人才。

第 10 章

# 培养结构化战略思维需要养成的十个习惯

敢于求知。

——伊曼努尔·康德

人分为两类：思辨者和吃瓜群众。具备结构化战略思维能力的思辨者面对VUCA世界总是睁着好奇的双眼，孜孜不倦地想要看清周边发生的事情，形成自己的观点，并做出力所能及的改变。吃瓜群众则选择了简单而轻松的路径：放弃深度思考，停留在被动接受信息、人云亦云的“吃瓜”状态。

虽然吃瓜群众拥有无须烧脑的快乐，但只有思辨者能够“想清楚”“说明白”并“做到位”，凭借绝对优势在惨烈竞争中胜出，引领这个VUCA时代。美国学者格伦·罗杰斯（Glenn Rogers）从9个维度阐述思辨者的优势：清晰度（Clarity）、准确度（Accuracy）、精准度（Precision）、相关性（Relevance）、重要性（Significance）、深度（Depth）、广度（Breadth）、公正性（Fairness）和逻辑正确程度（Logical Correctness）。另外一位美国学者特拉维斯·霍利迪（Travis Holiday）从做事目标导向层面定义了思辨者的四大特色：自我方向性（Self-Direction）、自我纪律约束（Self-Discipline）、自我审视监督（Self-Monitoring）和自我修正（Self-Correction）。

那么，在日常工作和生活中如何培养结构化战略思维习惯，并用来指导自己的行为呢？

序言中提到麦肯锡公司是跨界斜杠们聚集的地方，这与公司的人才筛选和培养方式密切相关。麦肯锡公司的价值观，除了给客户提供独特可持续的价值提升，还强调个人的发展，把培养思辨者当成公司最重要的使命之一。公司愿景一栏明确写着：麦肯锡旨在“建立一个有吸引力、能帮助成长、令人兴奋并能留住卓越人才的伟大公司”。这种提法十分独特。公司愿景把“卓越人才”放在第一位，而公司是因为吸引并服务好这些人才才变得伟大。

麦肯锡公司的“秘密武器”之一即其独特的人才机制，包括培训体系、沉浸式的导师制度和著名的“非升即出”末位淘汰筛选机制等。当理性思辨融入企业 DNA，就会产生超强的协同力，麦肯锡团队的能力远远大于聪明人个体能力的叠加。经过历代麦肯锡人坚持不懈的贯彻，公司形成了一个可持续的思辨者共赢的健康生态。

本章借鉴麦肯锡公司内部人才发展的要点和经验，提炼出十个培养结构化战略思维需要养成的重要习惯，帮助大家从点滴做起，全面学习并内化知识要点，最终成为真正的思辨者。这些习惯很多也是公司内部的常用语，大家可以见微知著，从中了解麦肯锡部分企业文化的精髓。

## 10.1 反对的责任

> 我真希望能够大胆地说出自己的看法。
>
> ——某企业员工

“反对的责任”是指在公司内部的交流中，要勇于说出自己的不同意见，而这种异议的提出不再是员工的选择而是应尽的责任。换句话说，如果你有不同想法或掌握关键数据却迫于各种压力而沉默不语，就是一种重大失职。“反对的责任”是被麦肯锡尊为公司文化基石的重要原则，也是个人培养结构化战略思维的重要举措。

要想把坚持“反对的责任”作为个人习惯，首先要求我们要有自己独立的判断。在新麦肯锡五步法全流程中，思辨者会主动思考各个环节的合理性并及时提出自己的意见。我们到底在解决什么问题？解决这个问题的方法是否符合MECE原则，有没有其他更好的解法？各种假设论证的过程是否合理？交付中会遇到什么样的问题？等等。在第3章“数字都是骗人的”中提到过思辨者会习惯性地挑战关键数据，并学会用各种快捷的方法验证。当数字被证实有误的时候，思辨者也会毫无保留地指出。

“反对的责任”有利于思辨者提升结构化思维的能力。提出不同意见需要用到之前提到的原则和框架。不同的意见可能是判断也可能是假设。如果是假设，就需要思辨者阐明如何用数据和强逻辑来“小心求证”。如果要表达的是经过验证的真知灼见，就要采取高效的沟通方法。不同意见的沟通，可利用故事线和SCP等结构作为交流框架，按照换位思考、提炼和清晰阐述等要素优化沟通内容和方式。这样会把更多的精力放在问题本身，真正做到“对事不对人”，久而久之，结构化战略思维的能力自然会提升。

结构化战略思维的能力也会反哺“反对的责任”习惯的养成。它能从根本上打破由于专业性缺乏而造成的沉默，端正“问题观”，从而成为一个解决问题的思辨者。本书介绍的“切”的技巧和MECE原则，让思辨者有足够的工具和自信来面对任何复杂的问题和挑战。虽然别人比自己更懂、拥有更多的经验和专业知识，但由于我们掌握了结构化战略思维，至少可以从逻辑和数字维度进行讨论。

“反对的责任”对企业来说也至关重要。如果企业内部只能听到一种声音，那么这样做出的决策是危险的。企业缺少不同的声音也就失去了预警机制。历史上有太多一意孤行、终酿大祸的例子。例如，1977 年的荷兰 KLM 航空和美国 Pan Am 747 泛美航空客机空中相撞事件。此次空难夺走了 583 条生命，至今依然是现代民航史上最大、最惨烈的空难。当时 KLM 的机长是明星飞行员兼飞行培训师，而民航系统又盛行“不能挑战机长”的文化，以致当副驾驶看到问题战战兢兢提出疑问的时候，机长置若罔闻，本应减速却加速飞行，最终两架飞机在空中相撞，酿成大祸。

一些先进的公司很早就有意识地培养高管独立思考并勇于表达不同观点的特质。谷歌就大力引进麦肯锡的“反对的责任”理念，贯彻“对事不对人”的做事风格，在讨论中鼓励和容忍不同观点，从而确保讨论出高质量的解决方案。麦肯锡公司的组织架构和文化上的相关举措也被广泛学习。公司相对扁平的组织架构、平等包容的文化和项目流程管理方法等都确保提出反对意见的成员得到足够的保护甚至激励。只有当“反对的责任”成为组织文化和行为规范的重要组成部分之后，内部百家争鸣般畅所欲言的健康场域才会逐渐形成。

## 10.2 解决正确的问题

我们的失败往往不是因为我们为正确的问题给出了错误的答案，更多的是因为我们解决了错误的问题。

——罗素·艾可夫

解决正确的问题是指在着手解决问题之前要明确问题本身的正确性，杜绝方向性错误。前文提到麦肯锡团队十分重视定义问题，在新麦肯锡五步法的第一步"定义问题"上投入大量的资源。中国古语中所说的缘木求鱼、南辕北辙和英文中常说的"小狗叫错了树"（Bark the Wrong Tree）都是讲在解决问题的初期，弄清楚问题往往比解决方案本身还重要，因为"失之毫厘，谬以千里"，方向性错误危害巨大。

解决错误的问题从来都是做事的大忌。作为一个指导原则，思辨者在没有确认问题定义的情况下，要坚决避免大规模具体问题解决层面的资源投入。

在第 5 章"定义问题"中，对如何定义并解决正确的问题有体系化的讲解，这里就不再赘述。作为一种习惯，解决正确的问题要求我们经常反思自己正在做的事情和初衷有无偏误。

经常阶段性反思问题的正确性是思辨者的良好习惯。日常工作中，我们常常忙于做事，久而久之甚至忘记了自己忙碌的缘由。随着时间的推移，之前判断的基础很可能已经发生变化，导致行动与目标脱节。思辨者要有意识地定期反思自己思考的过程，经常问自己"为什么"这么想或这么做，这样会及时发现变化并及时修正方向性偏误。曾子曰："吾日三省吾身。"就是指多次反省自己思考的过程。

思辨者通过自我拷问"为什么"避免无意义的资源浪费。在讨论问题时，有时会思路过度发散或沉浸在实施细节无法自拔而导致效率低下。这时问自己或团队：

"我们在解决什么问题？"

这样就有机会反思目前讨论问题的相关性，避免资源浪费的同时把讨论带回正确的路径。面对复杂而重大的战略问题，思辨者定期复盘过去判断的逻辑，重新审视问题，挑战每个假设或判断，有时会有意想不到的收获。

## 10.3 下一层面的细节

根深不怕风摇动。

——中国谚语

追求下一层面的细节是对思维深度的不断拓展。丹尼尔·卡尼曼教授在阐述以直觉和感性为基础的系统 1“快速思考”和理性的系统 2“慢速思考”的时候，明确指出尽管大多数人自称能用系统 2 来思考，其实都是自吹自擂[1]。

下一层面的细节要求思辨者要意识到人脑系统 1“快速思考”蒙蔽人们的伎俩，在思考的同时启动系统 2“慢性思考”，深入探究问题背后的根本原因。

大脑的系统 1“快速思考”是本能的快速决策。卡尼曼教授举出了一个经典例子：一个棒球棍和一个棒球一共 1.10 美元，已知球棍比球贵 1 美元，我们脑子里会马上跳出球棍 1 美元、球 0.1 美元的错误答案。尽管很快会纠正这种错误，但第一时间脑海中总是出现这个简单而错误的答案。

系统 1 快速思考是自动的、永远在线的。只有系统 1 快速思考面临困境时，系统 2 理性慢速思考才得以开启。卡尼曼教授建议大家，当面临选择或判断时，应该把直觉和情感放下，要有意识地训练自己用系统 2 来思考。下一层面的细节要求我们意识到系统 1 的局限性，有意识地开启系统 2 慢性思考，遇到问题

[1] 丹尼尔·卡尼曼．思考，快与慢 [M]. 胡晓姣，李爱民，何梦莹，译．北京：中信出版社，2012.

不停留在快速的草率答案里，深“挖”根源，深究细节。

现实中，大脑的系统1快速思考造就了很多所答非所问的场景，让人们满足于浅尝即止的谬论中。比如“苹果为什么从树上落下来”，几千年来人们都回答“因为苹果熟了”，这种谬误一直持续到苹果砸在了牛顿的头上。“为什么苹果熟了就要落下”，只把问题再深“挖”一点点，就足够开启牛顿对地球引力的探究。

再如，看到某人大喊大叫等异常行为，都会好奇地问“为什么”。只要被告知此人有多年精神病史，听众似乎一下子就能理解这个人的行为。可仔细想想，“有病”真的可以解释这种非正常行为吗？大脑“方便”地妥协了，阻止人们对发病真实诱因更深的探究，更别说做出预防发病的任何举措了。

“有病才做出病态的行为”是典型的一种循环论证（Petitio Principii 或 Begging the Question）。论据不过是在重复之前所做的假设，而完全没有提供支持的论点。

还有个有趣的例子。

小朋友好奇地问妈妈：“为什么超人能飞起来？”

妈妈回答：“因为他是超人啊！”

小朋友接着问：“为什么他是超人呢？”

妈妈说：“因为他有超过寻常人的能力啊，他能飞！”

小朋友似乎明白了……

类似的荒谬逻辑在问题层面不停地循环，用问题的假设前提来回答问题本身，而没有深入探究真正的原因。

下一层面的细节还要求思辨者拒绝“假大空”言论。在战略和战术落地的讨论中，经常能听到放之四海而皆准却缺乏思维深度、敷衍塞责的空话，比如“在正确的时间，正确的地点，做正确的事情”“今晚要吃好吃的”，等等。

从严格意义上讲，“今晚要吃好吃的”本身就是缺乏营养的表达，修辞上称之为赘述，毕竟没有人会主动选择难吃的食物。那“好吃的”的下一层面的细节是什么呢？菜系、口味、咸度、色泽、香气，甚至食物热量等都是可能考虑的因素。当定义好了“好吃的”，选择饭店和吃饭的流程就是再下一层面的细节，如在哪儿吃、跟谁吃、什么时间、座次以及菜品和上菜次序等。

下一层面的细节要求对问题做至少两个层次的深度挖掘才算及格，这也是对思维深度的基本要求。对于关键而复杂的问题，MECE 切分的“3–3”原则，也就是面对任何问题，能用维度准确“切”分，然后再纵向深入“挖”到至少第 3 层的细节。完成一次完整分解之后，要求跳出已有的逻辑框架，从全新的维度再做2次及以上类似的“切”和“挖”的练习，建造3个不同的“逻辑树”，便于对已有方案进一步改进。

## 10.4 总结提炼

所有事情都应尽量简化，但不能损失原味。

——爱因斯坦

总结提炼的英文单词“synthesize”本意是“合成”，在结构化战略思维的语境里，它是指面对海量信息能萃取出洞见的能力，也是在培养新人时最常用的一个词语。

总结提炼的核心是简化，但不是粗暴的单纯减法。总结提炼的目的是抽丝剥茧、寻求真知的提炼，要求把复杂的情况挑“干货”，即用浅显易懂平实的语言表述清楚，而不是损失本身内涵、完整性和准确度的洞见流失[1]（见图10-1）。

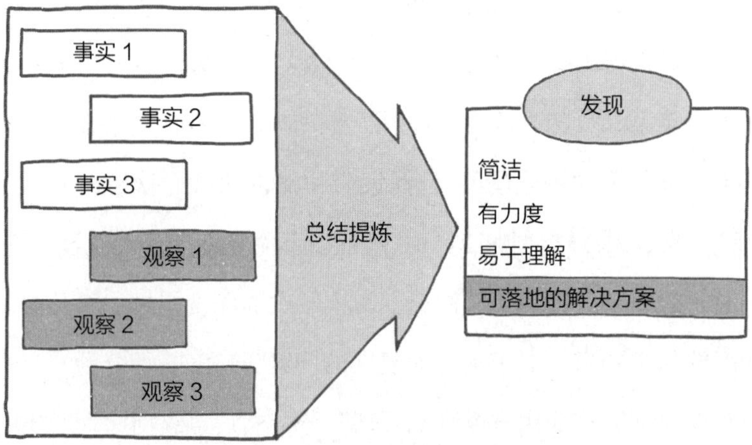


图 10–1　总结提炼的黑盒子

总结提炼是带有艺术性的思维过程，并不完全靠技巧，需要长时间、有意识的练习。给别人讲述核心要点会强迫我们内化信息并用对方能听懂的语言将其重构，是练习总结提炼的好方法。之前提到的口头陈述中的“电梯陈述”、故事线和点线大纲都是很好的工具。比如，在战略项目中，咨询团队成员时刻都会问自己，如果现在客户或领导突然出现在面前并要求对项目进行口头汇报，自己能不能有条不紊地完成30~60秒的电梯陈述？又有哪些关键洞见和决策点需要重点沟通？在工作和生活中养成类似的习惯，假以时日，总结提炼的能力就会有所提升。

MECE原则、归纳法和演绎法都是总结提炼的宝器。但由于每个人对问

[1] Quote Investigator 爱因斯坦名言解读。

题的切分角度、知识背景和经历不同，所产生洞见的路径也会有所差异。在战略管理实操中，经常发生从不同的路径出发却殊途同归，最终找到相似解法的情况。

总结提炼也是确保交流的便利和清晰的手段。在接收新信息的时候，大脑每次能记住的内容数量呈阶梯递减趋势，并且存在很难突破的上限。心理学家通过反复测试，找到一个神奇的数字 7。也就是说，听众最多能记住 7 个要点，当讲第 8 个要点的时候，不管讲得多么生动，听众基本也是左耳进右耳出。

然而，对大多数人来说，记住 7 个要点并不容易。心理学家拉比诺维奇（Rabinovich）和比克（Bick）用实验证明，一次记住 3 个要点最容易，记住 7 个要点需要比记住 3 个要点多 15 倍的努力，而记住 10 个要点就需要比记住 3 个要点多 50 倍的努力！所以，不能一下子输出太多的内容，小份高频的输入才有利于听众记忆。

追求极致的麦肯锡对总结提炼的要求是要简化到几个要点呢？自然就是最容易记住的 3 点。有个笑话说，麦肯锡内部发言的开场白都一样，都是清一色的“我有 3 点看法……”如果有第 4 个要点要说，那就拆分成 3a 和 3b，依然是以“我有 3 点看法”开场，然后补充“第 3 点分为两部分”。

把复杂的问题拆分成简单明了符合 MECE 原则的 3 点绝非易事。个人和团队在头脑风暴时，要反复推进思考深度并提炼总结，最后才能达到简洁、有深度、容易理解又可行动的洞见。

## 10.5 第一天的答案

只有两种可能的结果：如果实验证明假设是正确的，那么你就找到了一个规律；如果证明是错误的，那么你就有了一个新发现。

——恩里科·费米

作为习惯，“第一天的答案”要求我们在面对不熟悉的问题时，要在相对短的时间内（1天以内）快速形成初步思路并与相关人员分享，推进问题解决进程。“第一天的答案”是在时间压力下运用结构化战略思维方法的典型场景，充分显示个体的独立、高效和全面的思辨能力。将“第一天的答案”自觉地应用并形成习惯，可以人为制造紧迫感，加快解决问题的节奏，促使我们以结果为导向、从多角度体系化地思考和处理问题。

生成“第一天的答案”的习惯与熟悉的自下而上专业思维和学习方法相悖，因此也需要我们有意识地培养。在第2章讲述结构化战略思维核心概念的时候，提到平时人们最熟悉的“专业思维”：学习新知识的时候大多数是厚积薄发的自下而上的线性过程，把所有底层（“下”）细节知识点都掌握了再来提炼对整体的理解（“上”）。在这种学习惯性里，当面临全新的问题时，由于需要掌握的知识点比较多，往往会给自己相对长的时间去做诸如基础调研等线性的学习。

然而，在高节奏的VUCA时代，留给每次机会的时间窗口越来越短。线性学习习惯催生了固有的认知模式：只有学全学透了之后才能表达观点。“知之为知之，不知为不知”，所以在不懂专业的时候，我们要拒绝讨论。在很多时候，这意味着机会的丧失。

“第一天的答案”在麦肯锡这样的战略咨询公司是项目初期最关键的交付

物。要求团队在信息匮乏和时间紧迫的压力下（项目的开始 1~3 天），完成定义问题、结构化分析和提出假设，并整理好初步整体思路用于关键沟通。“第一天的答案”具体的交付物包括解决问题的逻辑框架和初步假设列表。它在项目中起到承上启下的重要作用，是解决方案的初稿。由于时间紧迫，初稿不可能建立在细致的实地调研基础上，而是一次完全以假设为前提的逻辑思维演练。本书第 6 章和第 7 章新麦肯锡五步法“结构化分析”和“提出假设”部分已有较详尽的阐述。

“第一天的答案”可以广泛应用于日常工作场景。比如，领导布置了新的调研工作，要有意识地要求自己能在短时间内（比如 2~3 小时内），形成以假设为前提的初步思路，包括调研的框架和初步假设，并与领导做初步方向性沟通。做到这一点，能充分显示我们独立、高效和全面的思维能力，也会让我们在竞争中脱颖而出。

## 10.6 问正确的问题

电影《黑客帝国》中有一段经典对白，当时，人类反抗组织船长墨菲斯被探长们抓捕并遭受了严刑拷问，大反派史密斯探长给墨菲斯打了麻醉注射药物让他说真话，自己却只高谈阔论对人类的各种不满。审问并没有审出人类反抗组织的具体位置，史密斯探长大怒并责问为什么注射的药剂不起作用。在场的布朗探长无可奈何地看了他一眼，回答道：“可能我们正在问错误的问题……”

“问正确的问题”是指在讨论或调研的过程中，管理者能够根据具体上下文深入探究关键信息点的作用，通过问相关问题能加深对问题本身的理解，并最终产生商业洞见的一种能力。

“问正确的问题”对提问者的综合素质有较高的要求，是提问者具有思考深度的体现，也是掌握结构化战略思维后能够顺利推进项目的关键。在对要解决的问题定义本身理解无误的前提下，问正确的问题可以引导更深入的讨论。这种纵深或横向“挖”的深度思考能力，经常会产出之前提到的“下一层面的细节”，帮助我们提炼出真正的洞见。而缺少了这种问问题的能力，之前所有切分等技巧都只会停留在形式上的敷衍层面。

“问正确的问题”不光是深化讨论的工具，还有启发创造力的功效。美国知名撰稿人沃伦·贝格尔（Warren Berger）在畅销书《绝佳提问》[1]里把“美丽问题”定义为任何挑战已有成见的勇敢问题。比如，为什么我们过去 20 年都一成不变地这样做事情？如果我们也试试 X 或 Y 会怎么样？成功的创业者往往具有这种问“美丽问题”的能力，因为这些人的主要职责就是冲击和创新，用更好的方法解决已有或全新的市场需求。

300 年前，苹果砸在牛顿的头上，牛顿追问“为什么”才有了后来的经典理论；19 世纪末，德国物理学家伦琴（Roentgen）做常规实验时发现了穿透厚书本的射线，追问之后发现了 X 光；20 世纪 40 年代，埃德温·兰德（Edwin Land）听到 3 岁女儿问“为什么照相要等相片呢”，于是就有了设计宝丽来（Polaroid）快速成像的灵感。这样的例子数不胜数。

如果缺少了最佳提问的能力，就算苹果砸在头上，吃货们最多也只是“嗷”一声喊疼后，将苹果捡起来开心地吃掉了。

[1] 沃伦·贝格尔 . 绝佳提问：探询改变商业与生活 [M]. 常宁，译 . 杭州：浙江人民出版社，2015.

## 10.7 认为还是知道

教育不是关于你已经记住多少，甚至不是你能知道多少。它其实是能让我们分清知道和不知道的能力。

——阿纳托尔·法朗士

思辨者深知“认为”和“知道”是处于认知两个端点的标志性状态。“认为”是起点，是由观察或思考而引发的主观判断或猜测；而“知道”是科学探究的阶段性成果，是真知和洞见。

作为一种习惯，思辨者要有意识地区分“认为”和“知道”并锲而不舍地向“知道”无限靠近。结构化战略思维虽然提倡大胆假设，但到调研的中后期会要求假设都经过仔细验证，要么升级为真知，要么被放弃。滞留在“认为”的假设阶段是危险的，而混淆了假设和真知，危害将更大。虽然真知得来不易，但思辨者会经常挑战已有的判断，追问到底是“认为”还是“知道”，并努力运用真知和洞见作为做事的基础。

缺乏思辨能力的人在讨论问题的时候，常常将“认为”和“知道”混淆，把假设当成真知。“认为”成本极低而且容易产出，英文描述其为“Lip Service”，就是仅需动动嘴唇而无须用行动支持的简单服务。再加上之前提到的类似确认偏误的认知误区，人们习惯于把未验证的假设粉饰成有理有据的真知，造成严重后果。

在工作场景下，我们很多时候看到的是“认为”主导的场景。由于主观判断盛行，就很难做到“对事不对人”。当两方为“认为”争执难分高下的时候，只能是“有理就在声高”或借助官职高低等与问题本身并不相关的因素做出决策。管理者应该提升结构化战略思维的能力，明辨假设或洞见，只有这样，对于不同观点的讨论焦点才会集中在逻辑和数字层面，也更具有职业精神。

## 10.8 移动时间轴

未来已来，只是不均衡地分布在当下。

——威廉·吉布森

“未来已来”，如果我们能找到现实中未来的碎片并连接它们，就可以看到未来的面容。

移动时间轴是思辨者预见未来的尝试。思辨者运用结构化战略思维，利用已知的数据和洞见，凭借强大的逻辑向前推动时间轴，在大多数情况下可以清晰地分析未来的多种可能性，并推测每种可能性真正发生的概率。

移动时间轴把未来的可能性当作已知来思考，尤其在重大决策之前，这是问题分析中必要的一环。比如在大规模市场调研之前，花时间再次审视计划是否周全，细节是否都到位，有没有其他符合 MECE 原则的可能性，最后还要问一个“然后又怎么样”的问题。向前移动时间轴，假设已经做完了调研，结果是产品品牌的意识很强，然后又怎么样？下一步应该怎么操作？如果品牌意识弱呢？

即使这些事情都做了，能不能保证期望的结果产生？还有哪些因素没考虑？向前移动时间轴时，我们期望最好的结果，但要为最差的结果做准备，有意识地在计划中规避风险和能预见的陷阱。在时间压力下，思辨者永远不可能拥有完美数据或穷尽所有可能，但要依赖现阶段已有的信息和强大的逻辑推演，为未来做准备。

史蒂夫·乔布斯说过："只有往回看的时候你才能看到成功的关键点，往前看却是一片茫然。因此你必须相信那些未来的关键点会连接起来。你必须相信你的那些所谓的直觉、命运、生命、因果等。这种信任从来没让我失望过，也真的彻底改变我的生活。"

乔布斯是个能移动时间轴的伟大思辨者。

## 10.9 数字和逻辑

事实是思辨的基石；逻辑是把事实黏结在一起的水泥。

——《关键思维能力》[1]

思辨者是理性客观重视数字和逻辑的群体。他们不会轻易地说出"不明觉厉"，更不会"人云亦云"。理性客观是主观臆断的对立面，任何假设到洞见都要通过数字和逻辑来验证。思辨者善于用数字和事实支持想法，而这个支持的过程经得住最严格的逻辑拷问。思辨者往往会全方位了解数据的作用、局限和陷阱，也懂得讨论逻辑应用（如归纳法和演绎法）及其误区。本书贯穿对数字和逻辑的讨论，这里不再赘述。

对数字和逻辑的钟爱并不意味着思辨者会对人类"感性"麻痹和抵触。序言中引用过西方学者舍恩伯格关于人类和人工智能赋能的机器的最终区别是

---

[1] Jocko Babin & Ray Manson，*Critical Thinking: The Beginners User Manual to Improve Your Communication and Self Confidence Skills Everyday*. Independently Published，2019.

“人类的本能、敢于冒险、巧合事件和错误”。正是这些特性使我们更充满生命力和想象力。从思辨者的视角来看，理性和感性之间并不存在不可跨越的鸿沟。如今人们已经开始用数字和逻辑主导的科学方法试图解释甚至量化感性世界。芝加哥大学诺贝尔经济学奖得主理查德·塞勒（Richard Thaler）[1]率先用数学模型来量化人们在决策中的“不理性”，他将之称为“可预测的非理性”（Predictable Irrationality），其影响因素包括所有权、自信和公平等。

思辨者也应意识到由于人类认知和技术的局限，许多问题（比如宇宙起源）运用已有数字和逻辑并不能得以完美解决。正是这种局限和挑战激励着思辨者锲而不舍地探究。最后要指出的是，在推崇理性科学的同时，要考虑文化的差异，找到恰当的、高效的交流方式会事半功倍。

## 10.10 知道边界

人必须知道自己的边界。

——克林特·伊斯特伍德《紧急搜捕令》

思辨者要知道边界。这意味着思辨者要时刻提醒自己不仅要知道自己知识和能力的外沿，还要对人类认知的局限有足够的认识。

多种认知偏误会直接影响理性思考的正确性，比如确认偏误（Confirmation Bias）、自我服务偏误（Self Serving Bias）、厌恶损失偏误（Loss Aversion）和过度自信偏误（Overconfidence Bias）等。这里简单介绍几个最重要的偏误。更多

[1] 芝加哥大学教授 Richard Thaler，文章：可预测的非理性（*Predictable Irrationality*）。

关于认知偏误的描述，推荐丹尼尔·卡尼曼的《思考，快与慢》和美国作者玛格丽特·赫弗南（Margaret Heffernan）的《有意无视》[1]。

确认偏误是生活中最常见的一种误判。每人对支持自己主张和猜想的数据点有天然的好感。我们经常在脑中选择性地回忆搜集有利的细节而忽略矛盾的资讯，并加以片面诠释。比如面对传闻“惯用左手的人更聪明”，我们开始选择性地细数脑海中所有惯用左手的名人：凯撒大帝、圣女贞德、拿破仑、爱因斯坦等，营造了一个“数字说话”的错觉。当我们确信了此判断之后，就戴了有色眼镜“选择性”地筛选有利的个案，忽略了大多数惯用右手的聪明人的个例。当再看到惯用左手的聪明人时，每一次都会更坚定之前的判断，进入确认偏误的死循环。

其他偏误也相当有害，比如自我服务偏误。典型的例子是人们习惯于把成功归因于内部因素，如能力和努力；而把失败归因于外部因素，如运气和任务难度。因此，在检验事实论据的时候做不到真正的客观。常听到失败的创业者认为“市场大环境不好”，而不愿意深入复盘深层面的失误。自我服务偏误还表现在人们不愿意费力去审视所有可能的解释，而愿意接受大脑中想到的第一个简单逻辑，并且坚信这个逻辑是正确的。自我服务偏误和前面提到的确认偏误常常会一起出现，造就了很多自以为是的商界狂人。

除了各种偏误，思辨者还会注意到阐述视角对结论的影响。由于视角不同，对同样的事情很可能会产生完全不同的判断。比如生产牙齿护理产品 A 的厂家对 100 个医生做调研，结果是 80% 的医生推荐此产品，20% 的医生不推荐。对

[1] Margaret Heffernan，*Willful Blindness: Why We Ignore the Obvious at Our Peril*，Walker Books，2011.

这个结果，不同的阐述视角就会有质的区别。

正向积极："牙齿护理产品 A 是好产品，80% 的医生都推荐！"

负向消极："牙齿护理产品 A 有风险，20% 的医生持否定态度，不推荐使用。"

思辨者要意识到，尽管只有一组数据，但两种不同的阐述视角可以支持完全不同的两种结论。

只有当意识到偏误和阐述视角等认知边界的存在，才能在判断时做出及时调整。美国学者企业家戴夫·格雷（Dave Gary）在《阈限思维》（*Liminal Thinking*）[1] 中给出从思维变化入手改变生活方式的至简三步：认识到自我的无知，寻求深度理解，在理解后做不同的事情。其中，认识到自我的无知是至关重要的第一步。

---

[1] 戴夫·格雷．阈限思维：改变并没有想象的那么难 [M]. 孙思远，译．北京：机械工业出版社，2018.

结语

# 成长的痛

人生最大的遗憾，莫过于梦想的泯灭和天分的浪费。

——周国元

麦肯锡结构化战略思维是后天习得的技能。而这个学习的过程绝非易事，是一个不舒服甚至痛苦的过程。许多麦肯锡前同事在聊起当初刚加入麦肯锡公司，尤其是谈到最开始6个月的经历时，“不适应”“不理解”“几乎放弃”甚至“怀疑人生”等词汇是高频率被提及的。

对于像我这样在加入麦肯锡之前有近十年专业经验的咨询老兵来说，学习和适应的过程非但没有缩短，反而变得更有挑战性，也更加艰难。曾经是大数据专家的我很难放下过去固有的专家思路，也就无法敞开心扉全面接受自上而下的全新方法论。刚开始在麦肯锡工作的时候，在我看来，“假设为前提”无非是一群故作聪明的年轻人在装模作样地拍脑袋，那些在头脑风暴中浪费的时间还不如节省下来，让我用专业知识来解决手中具体的问题。

这种专家的自豪和固化思维在很大程度上限制了我面对战略问题时思考的深度和创造性。屡次受挫后，我一度怀疑自己内在的能力，是否缺乏麦肯锡所信奉的思辨能力。在我最艰难的时候，我的导师也是项目负责的合伙人曾一语点醒梦中人，他告诉我要“Un-learn”，即放下以前的专业包袱，用一双全新的眼睛来看待所有问题。导师最后说：“当Un-learn之后，在你完全掌握了麦肯锡方法论的时候，以前的专业知识会自然而然地回到你身边，你更会触类旁通，成为一个真正的快速学习者。到那个时候，你将会是公司最有价值的资产。”回想起来，导师的这句话说的就是自上而下和自下而上两种方法论的辩证统一。

成长的痛是学习结构化战略思维的必经之路。也只有这种“痛”才是我们成长的明证。

## 出逃的唐僧

《西游记》中有个反复出现的情节：孙悟空打不过妖怪要去叫救兵之前，他总担心师父的安危，便在地上用金箍棒画一个圆圈，然后告诉师父待在里面不要出去。据说这个肉眼看不见的圆圈有法力，各种妖魔鬼怪都不能穿过。可不知道为什么，唐僧就是不听话要跑出圈外，然后险象环生，总落得被妖怪捉去、要被煎煮烹炸的结果。

起初总有点想不明白：有大智慧的唐僧应该不会重复犯这种低级错误吧。而且这个金箍棒画的圆形“防火墙”逻辑上也经不起推敲。如果画圈就能驱妖，唐僧师徒一路上根本不会有什么磨难，只要孙悟空边走边画就可以安全抵达天竺啦！而这并没有发生。

后来顿悟，唐僧跑出圈的真正原因只能是那地上的圆圈根本没有什么保护法力！圆圈本不存在，都是孙悟空编造出来用以安抚师父面对妖怪的恐惧的，同时也确保手无缚鸡之力的唐僧不会乱跑以致走丢。如果是这样，我们可以尽情脑补一下睿智的唐僧看孙悟空画圈时的纠结和仓皇逃遁时的无奈。

就如同画地为牢，现实中，我们又何尝不是在各种臆想出来的圆圈中寻求舒适和安慰呢？圆圈里是我们熟悉的已知世界，而圈外则是那个广袤无垠的未知和挑战领域。而本书所述的结构化战略思维就是突围的向导。我们要做个如唐僧般睿智的思辨者。

地上的“圆圈”本不存在，看清楚方向后迈步向前就好。

## 改变，就趁现在

*世界上能够生存下来的物种，并不是那些最强壮或最聪明的。而是那些可以适应变化的，能善用周围的物资并合作来对抗共同的威胁。*

——达尔文

结构化战略思维至关重要，可在现在的职场，结构化战略思维还是相对稀缺的一种个人核心能力。很多管理者是过去 20 年中国经济高速发展中冲出的赢家。当市场百废待兴增量无穷的时候，靠野蛮生长都可以迅速形成规模并积累财富。这导致了成功的企业高管多是攻坚克难的硬汉，在相对简单的市场环境和旺盛需求下，靠着远见（或运气）和超强的执行力（或军事化管理）打下江山。然而，随着市场的成熟，各个赛道增量殆尽，大家都在竞争存量。这时，精细化管理是必然的方向，也对管理者的能力提出了更高的要求。要能够快速学习和认知，要能跨界思考。

结构化战略思维和实践是一把拨云见日的利器。当掌握了这套方法，便可以自信地面对任何难题。这种自信并不是来自高深的专业知识和过往的经历，而是来源于自身解决问题的能力。

读完这本小册子，愿大家有所启发，有所收获，有所冲击。但最重要的是，有所改变。

附录

# 知识要点图解卡片

# 卡片 1：结构化战略思维整体框架

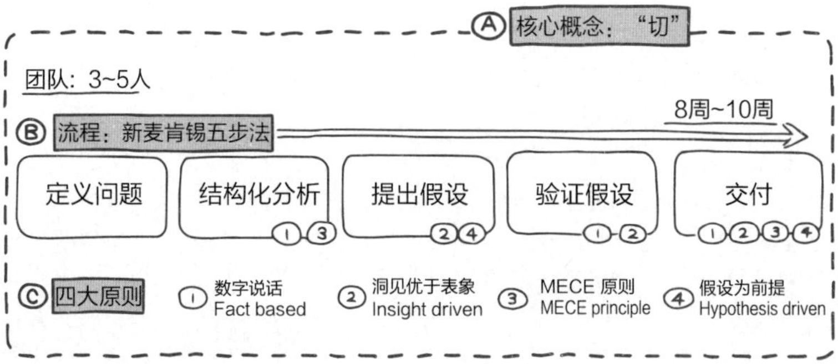


描述

结构化战略思维是批判性思维的一种存在形态，也是一套以数字和逻辑为基础的理性科学方法论和实用方法；"结构化"是手段，而"战略"是问题属性和高度。面对至难的企业战略问题，麦肯锡典型的项目组由 3~5 人构成，用 8~10 周的时间，经过新麦肯锡五步法全流程，并贯彻四大原则，最终成功解决此战略问题。

练习

请在最近半年的实际工作中找到一个自己主导或参与的短期项目（已完成的项目优先），按照以上 A、B、C 三大类内容进行复盘：是否运用了"切"的理念和新麦肯锡五步法和四大原则？简略描述问题，总结可提升的关键点并与团队分享和讨论。

## 卡片 2：“切”与 MECE 原则

MECE全称“Mutually Exclusive Collectively Exhaustive”
中文意思是“相互独立，完全穷尽”

MECE 原则要求切分后要达到如下要求。

1.子分类相互独立无重叠

2.子分类加起来穷尽全部可能

### 描述

**“切”**是结构化分析的昵称，是分析问题时抽丝剥茧的利刃，也是结构化战略思维的核心概念；而切分必须符合 MECE 原则。维度与“切”相辅相成不可分割，维度就是切分的角度。“3–3 原则”是结构化分析的高要求：面对问题能用维度准确“切”分，然后再纵向深入“挖”到至少第三层的细节。完成第一次分解之后，能跳出已有的逻辑框架，再从全新的维度做二次或以上类似的“切”和“挖”的练习，最终形成三个不同的“逻辑树”。

### 练习

请用“切”的方法依照 MECE 原则，根据自己所在行业，对“产品”和“客户”两个商务核心名词进行结构化拆分。

- 作为多维度练习，每次“切”分的维度不少于十个。
- 作为“切”的深度练习，每个品类遵循 3–3 原则，深“挖”到第 3 层细节，建立三个不同的“逻辑树”。

# 卡片 3："切"问题的四大招式

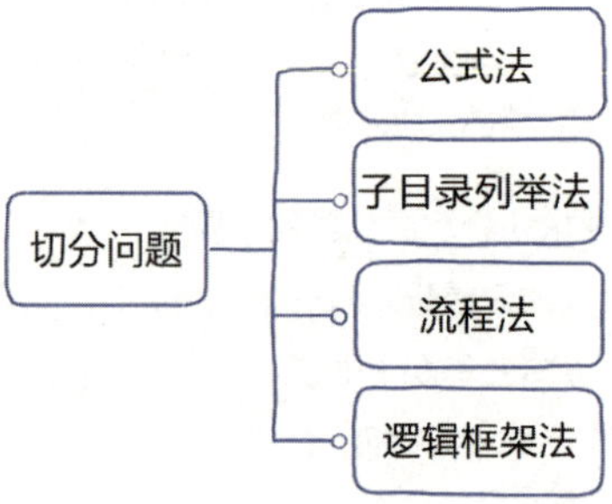


描述

对"切"分名词驾轻就熟，对"切"问题容易不适应，需要大量练习。"切"分问题的 4 大方法有：公式法、子目录列举法、流程法和逻辑框架法。公式法是利用已有的商业运算公式进行切分，比如收入等于单价乘以数量。子目录列举法最为常用，切分名词的列举大多数是这种方法。流程法是按照流程来细分问题，比如产品流程基本由研发、生产、销售和服务等构成。逻辑框架法是利用约定俗成的逻辑，比如内与外、主观与客观等来做切分。

练习

请用切分问题的 2~3 种不同方法来切分以下问题（第一层分解即可）。

- 企业如何提高净利？
- 个人如何可持续地提升储蓄数额？

## 卡片 4：逻辑推理的主要方法——归纳法 & 演绎法

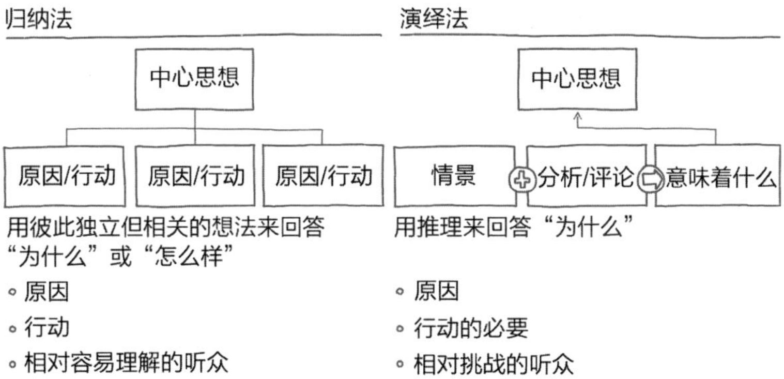


### 描述

归纳法和演绎法是逻辑推理的基本方法。归纳法和演绎法是方向相反的两种思维方法，但两者又是互相依赖、互相渗透、互相促进的。归纳法是从“个别”上升到“一般”的方法，即从个别事实中概括出一般的原理。演绎法是从“一般”到“个别”的方法，即从一般原理推导出个别结论。

### 练习

在现实生活和工作中，请找出利用归纳法和演绎法推演逻辑的实例，并解释其逻辑的严谨性。归纳法和演绎法两者哪种更严谨？为什么？再找出 2~3 个归纳或演绎推理的错误例子，这些错误跟本书中谈及的哪些常见认知偏误直接相关（如“确认偏误”“自我服务偏误”等）？

# 卡片 5：高效交流（1）——沟通的形式

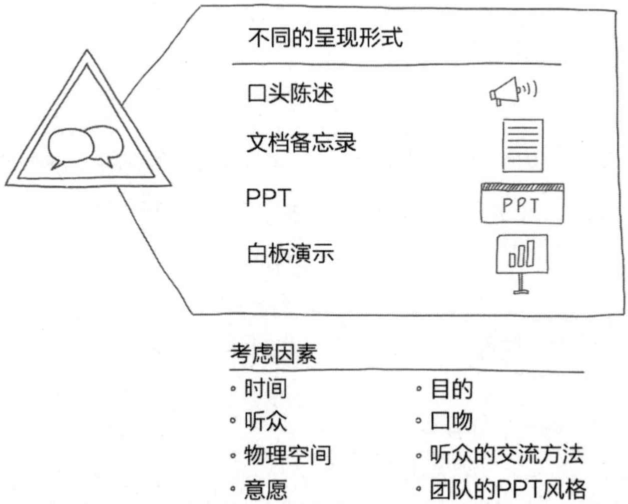


描述

商务交流有口头陈述、文档备忘录、PPT 和白板演示等多种方式，交流是否高效则取决于我们是否根据时间、听众、目的等内外部因素而做出了周全沟通实施计划和自身是否拥有超强的沟通能力。PPT 是目前公认的主流商务交流形式，但不要轻视口头陈述和白板演示的重要性。高效交流是新麦肯锡五步法最后一步交付的重点，是建立在前四步基础上的成果展示。要做到超越呈现形式而知行合一则要求沟通者完成前四步，对问题和解决方案有深入的结构化分析并充分提炼商业洞见。

练习

复盘最近半年的实际工作中自己做过的一次商务沟通（已完成的项目优

先），按照核心考虑因素进行分析（如时间、听众、物理空间等），有何经验教训？细化提升商务沟通能力的具体举措。

## 卡片 6：高效沟通（2）——沟通的成功要素

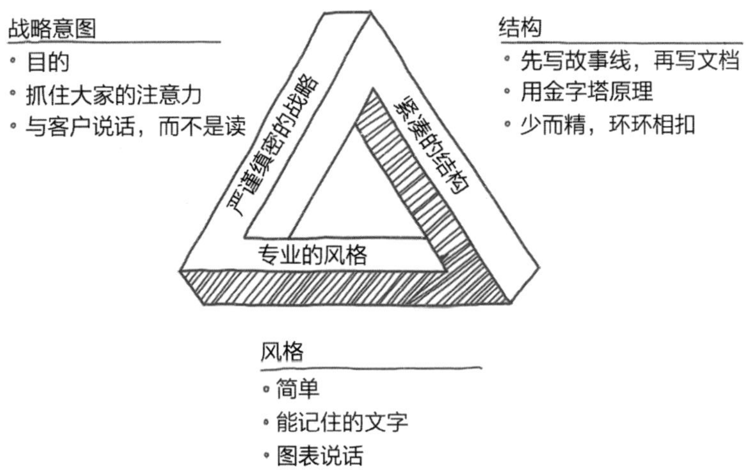


描述

高效的商务沟通需要具备内在 3S 要素：战略意图（Strategy）、结构（Structure）和风格（Style）。战略意图与结构化战略思维四大原则之“洞见优于表象”相关，在陈述的时候，以洞见先行抓住注意力。结构通过 MECE 切分各种树状架构体现，高效沟通中适用故事线和金字塔等原则。风格是艺术多于技术，但在商务沟通中首选简洁正式、具有视觉冲击力的风格。

练习

复盘最近半年的实际学习或工作中自己做过的一次有 PPT 展示环节的正式

商务沟通，根据 3S 要素进行对照分析，是否达到战略目的？结构是否清晰？风格是否适合场景？将经验教训细化并提出具体的改进举措。

## 卡片 7：专业 PPT 示例

### 描述

专业精神体现在细节上。对 PPT 的基本要求包括：总标题必须是判断句；内容直接支持标题判断；各元素（如小标签、单位、颜色注释、页码等）均衡分布；色系和字号统一；数字注明出处；图谱元素有序排列；等等。

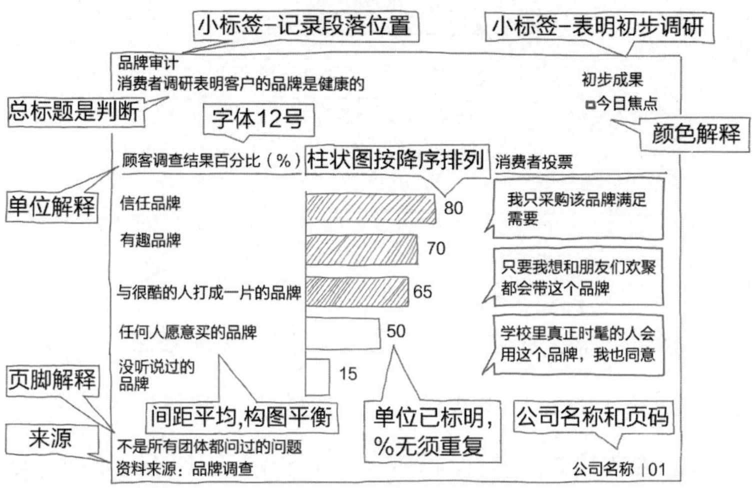


### 练习

找到一份自己制作的 PPT，用上述要求对比检查，并提出改进方案。

## 卡片 8：可复用的多维图谱

### 描述

多维图谱往往都是关键图谱，充分显示了图谱作者思维的深度和广度。本书列举的多个经典多维度理论（如 BCG 矩阵）和商业分析框架（如品类拓展）可以直接被用于战略分析中。

### 练习

用多维图谱来回答“你幸福吗”的问题（提示：找到幸福的 *N* 个维度）。

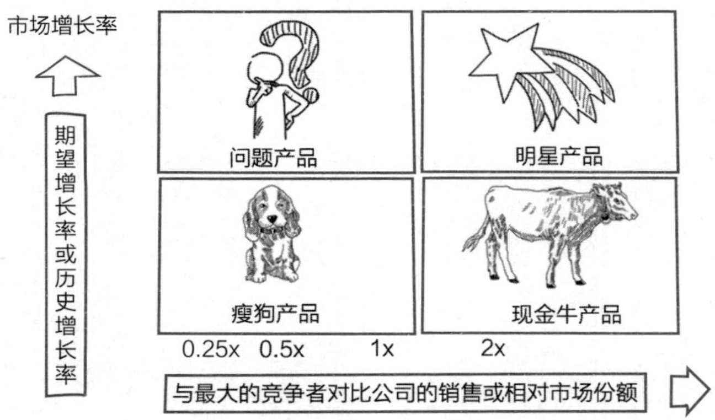


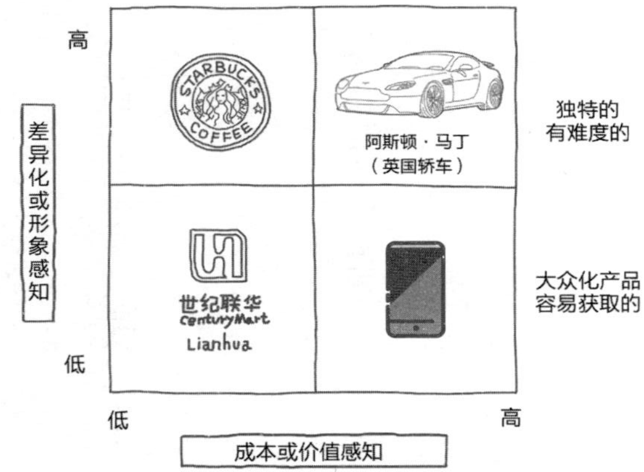


项目优先级分析

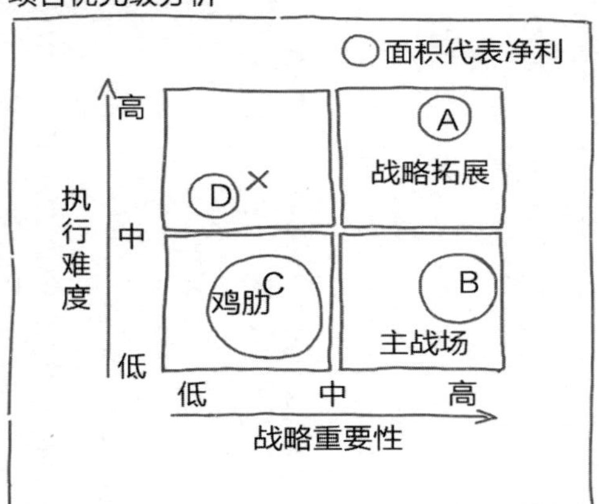


品类拓展分析

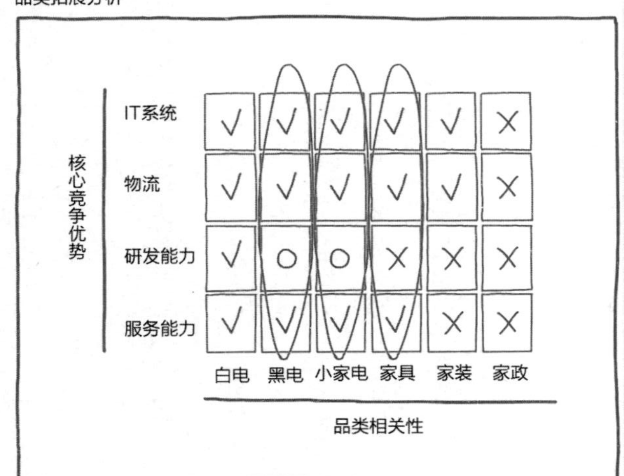

# 卡片 9：故事线

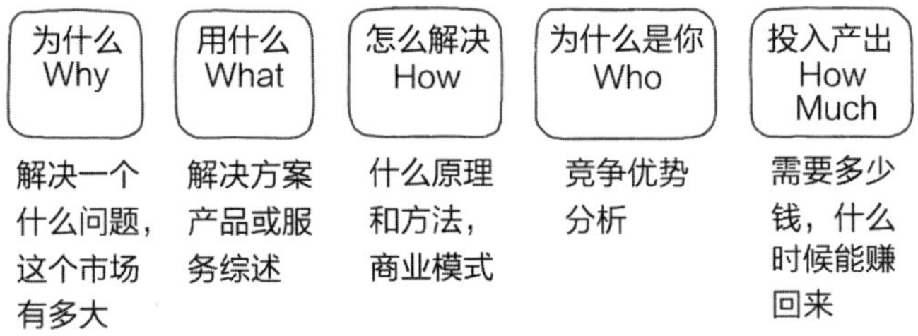


描述

故事线基于故事叙述 5W2H 原则，是将简化版的故事核心要素用最常见的顺序串联起来。故事线各元素的顺序可以调整，但是任何商业计划书都必须具备这 5 大元素，而且强烈建议第一部分开始于“为什么”，用 SCP 模型讲清楚“刚需”的存在。

练习

2020 年新冠肺炎病毒疫情对中国乃至世界市场都有很大冲击。请自创一个有价值的盈利项目，并用点线大纲来构建一个商业计划书的故事线，回答故事线的所有问题。

## 卡片 10：SCP–I 叙述框架

### 描述

SCP 是“规则 / 结构”“行为”和“业绩”的组合，是用来描述行业现状的叙述框架。S（规则）描述这个行业的整体商业模式；C（行为）讲述主流商业模式和竞争策略；而 P（业绩）包括财务和非财务两类。

### 练习

继续故事线的练习，请用 SCP-I 叙述框架回答“为什么”的刚需问题。2020 年新冠肺炎病毒疫情是此次核心的冲击。写出 SCP-I 的叙事大纲。

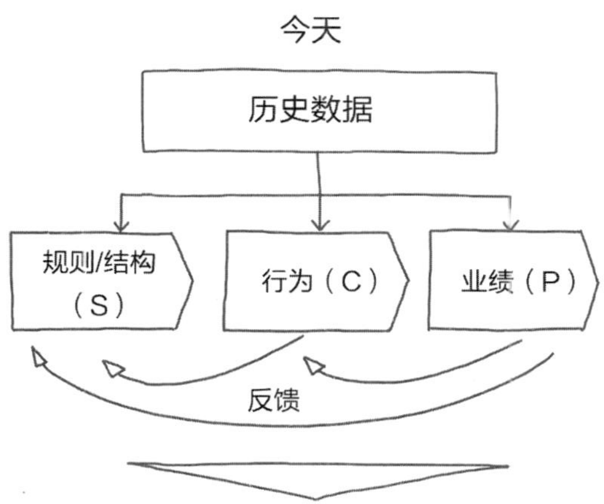


SCP结构用来讨论

- 找到关键因素
- 指出信息缺口
- 找到S、C 和P之间的关联
- 清晰描述

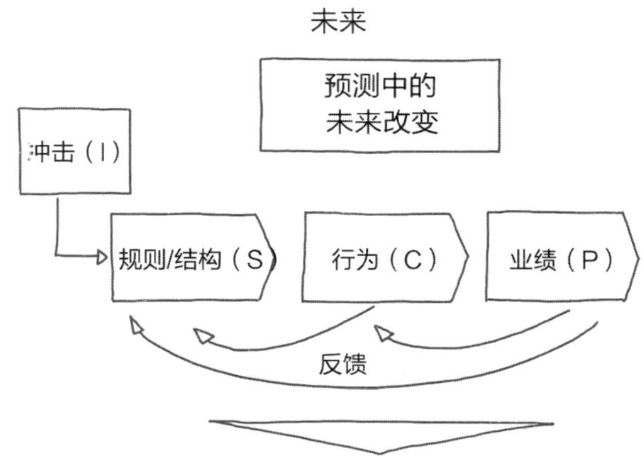


SCP-I引导人们对现在和未来产业的外来冲击的作用进行思考

- 冲击对S的影响
- 对C的结果性冲击
- 最终在业绩上的冲击
- 把理解进行反馈讨论
- 形成洞见规范

# 卡片 11：结构化战略思维四大原则

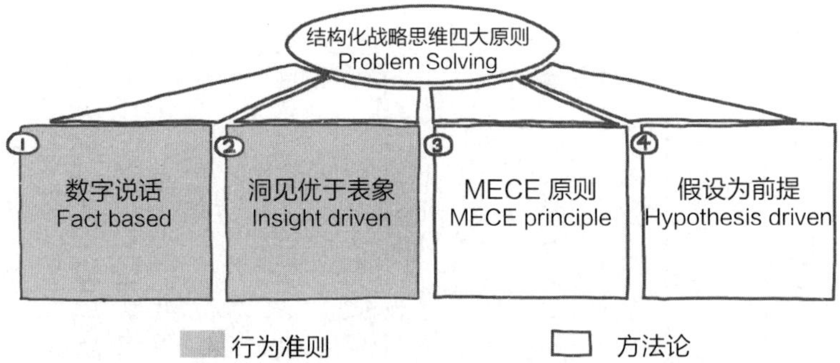


## 描述

结构化战略思维四大原则的应用范围远超越于战略项目，是思辨者在日常思考、交流和行为中所贯彻的指导性原则，也是结构化战略思维的基石。其中，MECE 原则和假设为前提是方法论层面对于思辨和自上而下思维方式的原则。而数字说话和洞见优于表象则是在交流和做事上理性思辨的良好行为准则。将四大原则融入日常生活是思辨者每天必做的功课。

## 练习

复盘最近半年的实际工作中一个自己主导或参与的短期项目（已完成的项目优先），按照结构化战略思维四大原则的各项内容，找出原则的实施示例，并总结可提升的关键点。

- 方法论上是否运用了假设为前提，分析时是否遵守 MECE 原则？
- 有没有大量运用数字？数字是否相关和准确？
- 核心洞见是什么？

# 卡片 12：问题定义工具

最基础需要解决的问题，定义不要太窄
SMART原则：具体（specific），可衡量（measurable），能落地（action-oriented），相关（relevant），时间性强（time-bound）

①背景（Perspective/context）
背景的具体相关信息，如业界趋势、在行业中相对位置

④限制条件(Constraints within solution space)
明确解决方案的限制条件，如是否考虑并购等

②成功标准（Criteria for success）
明确项目的成功KPI，包括财务和非财务，必须与主要负责人达成一致

⑤责任人/相关人（Stakeholders）
利用RACI等工具来明确谁是支持资源，谁是最终拍板的决策者

③边界（Scope of solution space）
划定项目边界，项目里面包括什么，不包括什么

⑥资源（Key sources of insight）
主要资源，包括专家、数据库等

描述

定义问题是新麦肯锡五步法极具挑战性的第一步。问题定义工具是在确认问题方向准确之后，用于辅助团队在细节层面精准把握问题定义细节。这个工具遵循 SMART 原则，从背景、成功标准、边界、限制条件、责任人 / 相关人和资源六大方面细化问题定义的内容。

练习

找到目前实际学习或工作中自己正在从事的项目，使用一下问题定义工具。填好表格后，请回答以下问题。目前是否有遗漏内容？影响有多大？如何改进？